生物信息学

实验指导

罗晓霞　夏占峰　张　晶　主编

中国农业科学技术出版社

图书在版编目(CIP)数据

生物信息学实验指导/罗晓霞，夏占峰，张晶主编. --北京：中国农业科学技术出版社，2023.1

ISBN 978-7-5116-6033-6

Ⅰ.①生… Ⅱ.①罗…②夏…③张… Ⅲ.①生物信息论-实验-高等学校-教学参考资料 Ⅳ.①Q811.4-33

中国版本图书馆 CIP 数据核字(2022)第 221650 号

责任编辑 张国锋
责任校对 马广洋
责任印制 姜义伟 王思文

出 版 者 中国农业科学技术出版社
北京市中关村南大街 12 号 邮编：100081
电 话 (010) 82106625 (编辑室) (010) 82109702 (发行部)
(010) 82109709 (读者服务部)
网 址 https://castp.caas.cn
经 销 者 各地新华书店
印 刷 者 北京富泰印刷有限责任公司
开 本 170 mm×240 mm 1/16
印 张 9.5
字 数 200 千字
版 次 2023 年 1 月第 1 版 2023 年 1 月第 1 次印刷
定 价 38.00 元

《生物信息学实验指导》编写人员名单

主　编　罗晓霞（塔里木大学）

夏占峰（塔里木大学）

张　晶（塔里木大学）

副主编　杨秋红（塔里木大学）

李　浩（塔里木大学）

李　锦（石河子大学）

王　东（喀什大学）

姚正培（新疆农业大学）

苏豫梅（新疆农业大学）

前　言

《生物信息学》是人类基因组计划完成后，伴随测序技术的快速发展，基因组、转录组等各种组学相继开展研究，使得越来越多的核苷酸序列、氨基酸序列、生物大分子的结构等生物分子信息数据呈指数增长，大量生物数据库及生物软件的增长也越来越快，因此生物信息学成为21世纪生命科学的核心课程。生物信息学是一个学科领域，包含着基因组信息的获取、处理、存储、分配、分析和解释的所有方面，是把基因组DNA序列信息分析作为源头，破译隐藏在DNA序列中的遗传语言，特别是非编码区的结构和功能，同时在发现了新基因信息之后进行蛋白质空间结构模拟和预测逐渐成为研究热点。21世纪生命科学研究领域，海量的生物学数据快速大量积累，而对于生命科学领域的研究或技术人员来说，运用生物信息学工具从海量的生物数据中挖掘信息及发现新知识已成为亟需掌握的技能。

近年来，生物信息学在国内不断发展，其在本科教育领域的重要性逐渐凸显，介绍和讲授生物信息学的书籍也不断涌现。但是，由于编者的学科背景不同，各种专著的侧重点和针对性也不尽相同。基于以上情况，作者在从事生物信息学教学的基础上，充分吸取现有国内外相关教材与著作的长处，结合自己在生物信息学领域的研究，编写了这本以介绍生物信息学领域常用软件，适合理、工、农、医等院校生物学相关专业的本科生的实验教材——《生物信息学实验指导》。

本书共设计了10个实验。第一章为绪论，主要介绍生物信息学发展的历史及在未来生命科学研究中的作用；第二章介绍常用的生物信息学数据库，重点讲述核酸序列数据库、蛋白质序列数据库和蛋白质结构数据库以及典型数据库的格式和使用方法；第三章主要介绍数据检索的原理及方法；第四章主要介绍核酸和蛋白质序列的比对方法及应用，着重讲述双序列比对的原理和常用工具；第五章和第六章主要介绍多序列比对的原理和常用工具，包括Clustal工具及利用Mega软件进行系谱分析；第七章和第八章主要介绍基因组注释及基因结构分析的主要内容、方法及工具；第九章和第十章则分别介绍从蛋白质序列分析其基本理化性质、结构和功能的方法及其在研究中的应用；第十一章主要介绍核酸序列的分析，包括核酸序列的拼接及编辑，设计引物及克隆软件等。

本书得到了国家一流专业（生物技术）和塔里木大学一流专业（应用生物科学）建设项目的资助，在此表示感谢！本书借鉴和参考了多位同行的有关书籍、文献，在此谨向参考资料的有关作者致以诚挚的谢意！由于时间和水平有限，书中难免存在疏漏和不足之处，敬请不吝指正。

编　者

2022 年 11 月

目　　录

第一章　绪论

一、生物信息学的产生

生物信息学的产生距今仅有几十年的时间，生物信息学（Bioinformatics）这一名词更是在1991年前后才在文献中出现的。事实上，早在1956年，在美国田纳西州盖特林堡召开的首次“生物学中的信息理论研讨会”上，便产生了生物信息学的概念，只是最初常被称为基因组信息学。就生物信息学的发展而言，它还是一门相当年轻的学科。直到20世纪80年代，伴随着计算机科学技术的进步，生物信息学才有了突破性进展。

20世纪后期，生物科学技术、计算机科学技术和网络技术日益渗透到生物科学的各个领域，生物科学的数据资源获得迅猛发展。数据资源的急剧膨胀迫使人们寻求一种强有力的工具组织这些数据，以便于储存、加工和进一步利用。同时，海量的生物学数据中必然蕴含着重要的生物学规律，这些规律将是解释生命之谜的关键，人们同样需要一种强有力的工具对这些数据进行分析。20世纪80年代末期，生物学家认识到将计算机科学与生物学结合起来的重要意义，开始留意要为这一领域构思一个合适的名称。1987年，“生物信息学”这一学科名词诞生。此后，生物信息学的内涵随着研究的深入和现实的需要而几经更迭。1995年，在美国人类基因组计划第一个五年总结报告中，给出了一个较为完整的生物信息学定义：生物信息学是一门交叉学科，包含了生物信息的获取、加工、存储、分配、分析和解释等在内的所有方面，综合运用数学、计算机科学和生物学的各种工具，来阐明和理解大量数据所包含的生物学意义。

从生物信息学产生的历程可以看出，基因组信息是生物信息中最早的表现形式，并且基因组信息在生物信息中占有极大的比重。但是，生物信息并不仅限于基因组信息，生物信息学也不等同于基因组信息学。广义地说，生物信息不仅包括基因组信息，如基因的DNA序列、染色体定位，也包括基因产物（蛋白质或RNA）的结构和功能，以及各生物种间的进化关系等其他信息资源。生物信息学既涉及基因组信息的获取、处理、储存传递、分析和解释，又涉及蛋白质组信息学，如蛋白质的序列、结构功能及定位分类、蛋白质连锁图、蛋白质数据库的建立、相关分析软件的开发和应用等方面，还涉及基因与蛋白质的关系，如蛋白质编码基因的识别及算法研究、蛋白质结构及功能预测等。另外，新药研制、生物进化也是生物信息学研究的热点。

因此，生物信息学是融合生物科学与数理科学的新兴学科，具体地说生物信息学是以核酸蛋白质等生物大分子数据库为主要研究对象，以数学、信息学、计算机科学为主要研究手段，以计算机硬件、软件和计算机网络为主要研究工具，对浩如烟海的原始生物数据进行存储管理、注释加工，使之成为具有明确生物意义的生物信息。并通过对生物信息的查询、搜索、比较、分析，从中获取基因编码、基因调控、核酸和蛋白质结构功能及其相互关系等理性知识。在大量信息和知识的基础上，探索生命起源、生物进化，以及细胞、器官和个体的发生、发育、病变、衰亡等生命科学中的重大问题。

二、生物信息学的发展历史

生物信息学自产生以来大致经历了前基因组时代、基因组时代和后基因组时代 3 个发展阶段。3 个阶段虽无明显的界限，却真实地反映了生物信息学整个研究重心的转移变化历程。

（一）前基因组时代

1838 年，蛋白质被发现，人们逐渐认识到蛋白质在各种生命活动中的重要作用。1953 年，沃森和克里克发现了 DNA 双螺旋结构，开启了分子生物学时代，使遗传的研究深入到分子层次，“生命之谜”被打开，人们清楚地了解遗传信息的构成和传递途径。此后，一些新兴学科如雨后春笋般出现，这些学科的产生和发展为生物信息学的产生奠定了坚实基础。1956 年，在美国田纳西州的盖特林堡召开了首次“生物学中的信息理论研讨会”，一些计算生物学家开始进行生物信息相关研究，尽管当时还没有具体地提出生物信息学的概念，但做了许多生物信息搜集和分析方面的工作。1962 年，Zucherkandi 和 Pauling 研究了序列变化与进化之间的关系，开创了一个新的领域——分子进化。随后。通过序列比较确定序列的功能及序列分类关系便成为序列分析的主要工作。1967 年，Dayhoff 研制出蛋白质序列图集，该图集后来演变为著名的蛋白质信息资源（Protein Information Resource，PIR）。20 世纪 60 年代是生物信息学形成的萌芽阶段。

20 世纪 70 年代到 80 年代初期，随着生物化学技术的发展，产生出许多生物分子序列数据，数学统计方法和计算机技术在此阶段都得到较快的发展，促使一部分计算机科学家应用计算机技术解决生物学问题，特别是与生物分子序列相关的问题。他们开始研究生物分子序列，研究如何根据序列推测结构和功能，出现了一系列著名的序列比较方法，其中，Needleman 和 Wunsch 于 1970 年提出的序列比对算法是对生物信息学发展最重要的贡献；同年，Gibbs 和 McIntyre 发表的矩阵打点作图法也是进行序列比较的一个著名方法，该方法可用于寻找序列中的重复片段，从而推测其功能；Dayhoff 提出的基于点突变模型的 PAM（Point

Accepted Mutation）矩阵是第一个广泛使用的比较氨基酸相似性的打分矩阵，它大大地提高了序列比较算法的性能；1981 年，Smith 和 Waterman 提出了著名的公共子序列识别算法；1981 年，Doilte 提出关于序列模式的概念；1983 年，Wilbur 和 Lipman 发表了数据库相似序列搜索算法；1985 年，出现快速的蛋白质序列搜索算法 FASTP、FASTN；1988 年，Pearson 和 Lipman 发表了著名的序列比较算法 FASTA；1990 年，快速相似序列搜索算法 BLAST 问世；1997 年，BLAST 的改进版本 PSI-BLAST 投入实际应用。

20 世纪 80 年代以后，出现一批生物信息服务机构和生物信息数据库。1982 年核酸数据库 GenBank 第 3 版公开发行；1986 年，日本核酸序列数据库 DDBJ 诞生；1986 年出现蛋白质数据库 SWISS-PROT；1988 年，美国国家卫生研究所和美国国家图书馆成立国家生物技术信息中心 NCBI；1988 年，成立欧洲分子生物学网络（EMBnet），该网络专门发布各种生物数据库。

20 世纪 90 年代以后，科学家们开始了大规模的基因组研究。1986 年，出现基因组学（Genomics）概念，即研究基因组的作图、测序和分析；1990 年，国际人类基因组计划启动，该计划被誉为生命科学的“阿波罗登月计划”；1993 年，英国成立 Sanger 中心，该中心专门从事基因组研究；1995 年，第一个细菌——流感嗜血杆菌的基因组被完全测序；1996 年，酵母基因组被完全测序；1996 年，Aflyetrix 生产出第一块 DNA 芯片；1998 年，第一个多细胞生物——线虫的基因组被完全测序；1999 年，果蝇的基因组被完全测序；1999 年底，国际人类基因组计划联合研究小组宣布人类第一次获得一对完整的人类染色体——第 22 对染色体的遗传序列；2000 年 6 月 24 日，人类基因组计划协作组的 6 个国家研究机构在全球同一时间宣布已完成人类基因组的工作框架图，与此同时，生物信息学在人类基因组计划的推动之下迅速发展。

（二）基因组时代

人类基因组计划（Human Genome Project，HGP）是由美国科学家于 1985 年率先提出，于 1990 年正式启动，美国、英国、法国、联邦德国、日本和中国科学家共同参与了这一预算达 30 亿美元的人类基因组计划。按照计划设想，在 2005 年，要把人体内约 4 万个基因的密码全部解开，同时绘制出人类基因的谱图，即要揭开组成人体 4 万个基因 30 亿个碱基对的秘密。人类基因组计划与曼哈顿原子弹计划、阿波罗计划并称为三大科学计划。

人类基因组计划（HGP）的目的是测出人类基因组 DNA 上 30 亿个碱基对的序列，发现所有人类基因，找出它们在染色体上的位置，破译人类全部遗传信息，进而解码生命、了解生命的起源、了解生命体生长发育的规律、认识种属之间和个体之间存在差异的起因、认识疾病产生的机制以及长寿与衰老等生命现象、为疾病的诊治提供科学依据。在人类基因组计划中，还包括对 5 种生物基因组的研究：大肠埃希菌、酵母、线虫、果蝇和小鼠，称为人类的5种“模式生物”。

人类基因组计划（HGP）的主要任务是人类的DNA测序，包括以下4张谱图，此外还有测序技术、人类基因组序列变异、功能基因组技术、比较基因组学、社会、法律、伦理研究、生物信息学、计算生物学和教育培训等目的，利用HGP发展起来的这些技术和资源进行生物学研究的科学家促进了人类健康。

1. 遗传图谱（Genetic map）

又称连锁图谱（Linkage map），它是以具有遗传多态性（在一个遗传位点上具有1个以上的等位基因在群体中的出现频率皆高于1%）的遗传标记为“路标”，以遗传学距离（在减数分裂事件中两个位点之间进行交换、重组的百分率，1%的重组率称为1cM）为图距的基因组图。遗传图谱的建立为基因识别和完成基因定位创造了条件，6 000多个遗传标记已经能够把人的基因组分成6 000多个区域，使用连锁分析法可以找到某一致病或表现型基因与某一标记邻近（紧密连锁）的证据，这样可把这一基因定位于这一已知区域，再对基因进行分离和研究。对于疾病而言，找基因和分析基因是关键。

2. 物理图谱（Physical map）

是指有关构成基因组全部基因的排列和间距信息，它是通过对构成基因组的DNA分子进行测定而绘制的。绘制物理图谱的目的是把有关基因的遗传信息及其在每条染色体上的相对位置线性而系统地排列出来。DNA物理图谱是指DNA链的限制性酶切片段的排列顺序，即酶切片段在DNA链上的定位。因限制性内切酶在DNA链上的切口是以特异序列为基础的，核苷酸序列不同的DNA，经酶切后会产生不同长度的DNA片段，由此构成独特的酶切图谱。因此，DNA物理图谱是DNA分子结构的特征之一。DNA是很大的分子，由限制性内切酶产生的用于测序反应的DNA片段只是其中极小部分，这些片段在DNA链中所处的位置关系是应该首先解决的问题，所以DNA物理图谱是顺序测定的基础，也可理解为指导DNA测序的蓝图。

3. 序列图谱（Sequence map）

是指基因组DNA碱基的排列顺序图谱。随着遗传图谱和物理图谱的完成，测序就成为重中之重，DNA序列分析技术是包括制备DNA片段化及碱基分析、DNA信息翻译的多阶段过程。通过测序得到的就是基因组的序列图谱。

4. 基因图谱（Gene map）

是在识别基因组所包含的蛋白质编码序列的基础上绘制的结合有关基因序列、位置及表达模式等信息的图谱。在人类基因组中鉴别出占2%~5%长度的全部基因的位置结构与功能，最主要的方法是通过基因的表达产物mRNA反追到染色体的位置。基因图谱的意义在于它能有效地反映在正常或受控条件下表达的全基因时空图。通过这张图可以了解某一基因在不同时间不同组织、不同水平的表达；也可以了解一种组织中不同时间、不同基因中不同水平的表达；还可以了解某一特定时间、不同组织中的不同基因不同水平的表达。

HGP 对人类疾病相关基因的研究有重要意义，人类疾病相关基因是人类基因组中结构和功能完整性至关重要的信息。对于单基因病，采用“定位克隆”和“定位候选克隆”的全新思路，发现了亨廷顿舞蹈病、遗传性结肠癌和乳腺癌等一大批单基因遗传病致病基因，为这些疾病的基因诊断和基因治疗奠定了基础。心血管疾病、肿瘤、糖尿病、神经或精神类疾病（阿尔茨海默病、精神分裂症）、自身免疫性疾病等多基因疾病是目前疾病基因研究的重点。健康相关研究是 HGP 的重要组成部分，1997 年相继提出“肿瘤基因组解剖计划”“环境基因组学计划”“国际人类基因组单体型图计划（The International HapMap Project）”。

（三）后基因组时代

随着人类基因组计划的完成，我们进入了“后基因组学”（Post-genomics）时代。基因组学研究重心已开始从揭示生命的所有遗传信息转移到在分子整体水平对功能的研究上，这种转向的一个标志是产生了功能基因组学（Functional genomics）这一新学科。功能基因组学是指在全基因组序列测定的基础上，从整体水平研究基因及其产物在不同时间、空间、条件的结构与功能关系及活动规律的学科。人类基因组计划在基因表达图谱方面已取得一定进展，但有 90%的功能尚不明确，功能基因组学将借助生物信息学的技术平台，利用先进的基因表达技术及庞大的生物功能检测体系，从浩瀚无垠的基因库筛选并确知某一特定基因的功能，通过比较分析基因及其表达的状态，确定基因的功能内涵，揭示生命奥秘，甚至开发出基因产品。功能基因组学在后基因组时代占有重要位置，其研究成果直接给人类健康带来福音。在后基因组时代，生物信息学的作用将更加举足轻重。要读懂人类基因组计划测序得到的“天书”，仅仅依靠传统的实验观察手段无济于事，必须借助高性能计算机进行高效数据处理。

三、生物信息学在未来生命科学研究中的作用

随着后基因组时代的到来，生物信息学研究的重点将逐步转移到功能基因组信息研究，其研究的内容不仅包括基因的查询和同源性分析，而且进一步发展到基因和基因组的功能分析，即所谓的功能基因组学研究。具体表现在将已知基因的序列与功能联系在一起进行研究；从以常规克隆为基础的基因分离转向以序列分析和功能分析为基础的基因分离；从单个基因致病机理的研究转向多个基因致病机理的研究；从组织与组织之间的比较来研究功能基因组和蛋白质组，这类比

较主要有正常与疾病组织之间的比较、正常与激活组织之间的比较、疾病与处理（或治疗）组织之间的比较、不同发育过程的比较等。

生物信息学将会揭示人类及重要动植物种类的基因信息，为生物大分子结构模拟和药物设计提供巨大的帮助。生物信息学不仅对认识生物体和生物信息的起源、遗传、发育与进化的本质有重要意义，而且将为人类疾患的诊治开辟全新的途径，还可为动植物的物种改良提供坚实的理论基础。

此外，伴随着后基因组时代高通量组学（High-throughput omics）技术涌现与生物信息学的飞速发展，出现了大量潜在的生物标记（Biomarker），其中一些可以用于疾病诊断和治疗。这些生物标记信息在临床上的应用潜力是巨大的，然而目前仅有少数的标记用于临床实践。如何将这些生物标记应用于临床诊断、疾病风险评估与预防模式、指导个性化治疗、开发新的药物靶点等将是未来生物信息学研究的热点问题，也是转化医学的核心内容。

第二章　生物信息数据库与软件搜索

【概述】

分子生物学数据库种类繁多，通常可分为 4 个大类，即基因组数据库、核酸和蛋白质一级结构序列数据库、生物大分子（主要是蛋白质）三维空间结构数据库以及以上述三类数据库和文献资料为基础构建的二级数据库。基因组数据库的数据来自基因组作图及基因组测序，序列数据库来自序列测定，结构数据库来自 X 射线晶体衍射、核磁共振等结构测定，这些数据库通常称为基本数据库，也称一级数据库。而根据不同研究领域的实际需要，对这些基本数据库中的数据进行分析、整理、归纳、注释，则构建了专门用途的二级数据库，也称专门数据库或专用数据库。

从 1994 年开始，牛津大学出版社的 *Nucleic Acids Research*（NAR）杂志每年都要出版分子生物学数据库专辑，对生物信息学领域主要数据库的内容和更新状况进行介绍，并可以按照其分类或字母排序等方式链接到相应的数据库资源。2012 年 NAR 共收集了 1 380 个生物信息学数据库，这些数据库共分为 15 个类别，其详细列表的网址为 http：//www. oxfordjournals. org/nar/database/c/。有些类别下又划分了子类别，子类别下列出相应数据库的名称。

NAR 对数据库的 15 个类别归纳如下：核酸序列数据库、RNA 序列数据库、蛋白质序列数据库、结构数据库、非脊椎动物基因组数据库、代谢和信号通路数据库、人类和其他脊椎动物基因组数据库、人类基因和疾病数据库、微阵列数据和其他基因表达数据库、蛋白质组学资源数据库、其他分子生物学数据库、细胞器数据库、植物数据库、免疫学数据库以及细胞生物学数据库。

目前，一些常用的数据库主要由以下机构提供和维护。

美国国家生物技术信息中心（National Center for Biotechnology Information, NCBI）创建于 1988 年，管理着 GenBank、PubMed、dbSNP 等数据库，提供 Entrez、BLAST 等数据库检索工具，网址为 https：//www. ncbi. nlm. nih. gov/。

欧洲分子生物学实验室（European Molecular Biology Laboratory，EMBL）创建于 1974 年，1980 年建立 EMBL 核酸序列数据库（现称为 EMBL-Bank），1992 年创建欧洲生物信息学研究所（European Bioinformatics Institute，EBI），网址为 http：//www. embl. org。欧洲生物信息学研究所（EBI）是 EMBL 的一个分支机构，创建于 1992 年。现在 EBI 管理着 EMBL-Bank、UniProt 等数据库，网址为

http：//www. ebi. ac. uk/。

欧洲分子生物学网络（European Molecular Biology Network，EMBnet）创建于1988年，截至2011年，该组织共有33个国家节点。在各节点成员国开展专业教育、研制生物信息学软件，促进各节点成员提供免费公用的数据库与软件，进行网络范围内的系统管理与技术支持，网址为http：//www. embnet. org/。

日本国立遗传学研究所（National Institute of Genetics，NIG）创建于1949年，于1984年建立DDBJ数据库，2001年创建信息生物学与日本DNA数据库中心（Center for Information Biology and DNA Data Bank of Japan，CIB-DDBJ），其任务是促进日本学者开展生物信息学研究及维护DDBJ数据库。NIG的网址为http：// www. nig. ac. jp/english/index. html，DDBJ 网址为 http：//www. ddbj. nig. ac. jp/。

瑞士生物信息学研究所（Swiss Institute of Bioinformatics，SIB）创建于1998年，是EMBnet的瑞士国家节点，网址为http：//www. isb-sib. ch/。

中国也有很多生物信息学研究机构，如北京大学生物信息中心（Center for Bioinformatics，CBI），该中心是欧洲分子生物学网络组织EMBnet的中国国家节点，网址为http：//www. cbi. pku. edu. cn/；中国科学院上海生命科学研究院生物信息中心，中心的网站是中国生物信息网，网址为http：//www. biosino. org/；华大基因，网址为http：//www. genomics. cn。

【实验目的】

熟练掌握上网搜索生物信息学数据库和软件的方法及技能。

【实验内容】

国际上已经建立起许多分子公共数据库，包括基因组图谱数据库、核酸序列数据库、蛋白质序列数据库及生物大分子结构数据库等。这些数据库由专门的机构建立和维护，他们负责收集、组织、管理和发布生物分子数据，并提供数据检索和分析工具，向生物学研究人员提供大量有用的信息，为他们的研究服务。

本实验通过登录GenBank、EMBL、DDBJ 3个国际上权威的核酸序列数据库，GDB基因组数据库，人类基因组数据库Ensembl，表达序列标记数据库dbEST，序列标记位点数据库dbSTS，以及PIR、SWISS-PROT、TrEMBL蛋白质序列数据库，蛋白质数据仓库UniProt，生物大分子数据库PDB等，了解各数据库的结构。

【实验仪器、设备及材料】

计算机（联网）。

【实验原理】

建立生物分子数据库的动因一方面是由于生物分子数据的高速增长，而另一方面也是为了满足分子生物学及相关领域研究人员迅速获得最新实验数据的要求。生物分子信息分析已经成为一种分子生物学研究的必备方法。数据库及其相关的分析软件是生物信息学研究和应用的重要基础，也是分子生物学研究的必备工具。

【实验步骤】

（一）核苷酸序列数据库

核酸序列是了解生物体结构、功能、发育和进化的出发点。国际上权威的核酸序列数据库有 3 个，分别是美国生物技术信息中心（NCBI）的 GenBank（http：//www. ncbi. nlm. gov/web/Genbank/index/html）、欧洲分子生物学实验室的 EMBL-Bank（简称 EMBL，http：//ww. ebi. ac. uk/embl/index/html）及日本遗传研究所的 DDBJ（http：//www. ddbj. nig. ac. jp/）。这 3 个数据库中的数据基本一致，仅在数据格式上有所差别，对于特定的查询，3 个数据库的响应结果一样。以 EMBL 数据库为例，其每个序列，相关数据包括序列名称、序列、位点、关键字、来源、生物种类、参考文献、注释、序列中具有重要生物学意义的位点等。EMBL 提供一些与序列相关的检索操作（基于 3W 服务器）。（1）序列查询。最简单的查询就是通过序列的登录号（如 X58929）或序列名称（如 SCARGC）直接查询。如果找到所查询的序列，则服务器将查询结果以 HTML 文件返回给用户；如果数据库中该序列有到 MEDLINE 的交叉索引，则系统同时返回与包含参考文献摘要等信息的 MEDLINE 链接；如果该序列有到其他数据库的交叉索引，也返回相应的链接。（2）核酸同源性搜索。3W 服务器支持用户使用 FastA 程序进行核酸同源搜索。FastA 根据给定的目标序列在数据库中搜索其同源序列。

1. GenBank 核苷酸数据库

具体步骤如下。

（1）登录 NCBI 生物信息中心（https：//www. ncbi. nlm. nih. gov/）（图 2-1）。

（2）点击 Nucleotide，点击 Other Resources 列中的 GenBank Home 列（图 2-2）。

（3）输入关键词进入查询界面（图 2-3）。

（4）选择一个结果，进入 GenBank 结果数据记录界面。

一个 GenBank 数据结果包括 4 个部分内容：描述行、特征表（核心）、引文区、核酸序列本身（图 2-4）。

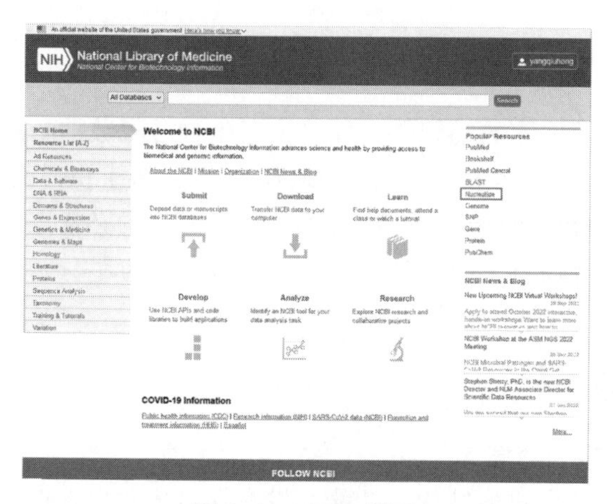

图 2-1　NCBI 界面

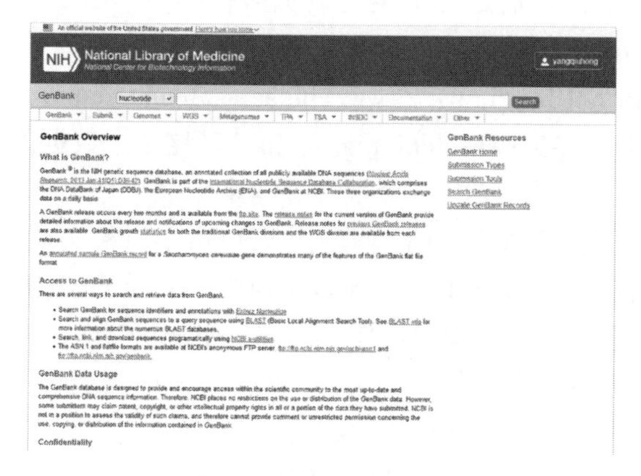

图 2-2　GenBank 界面

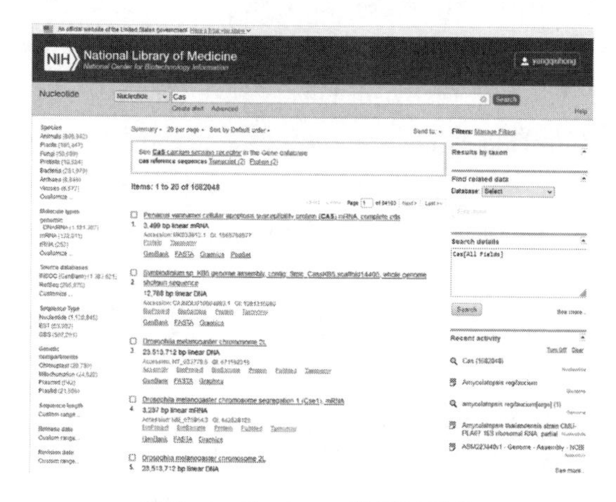

图 2-3　GenBank 数据记录表

图 2-4　GenBank 数据记录

GenBank 将一条序列相关的各种信息按一定的结构，以文本文件的形式组织在一起，构成一个“GenBank Record”；一个 GenBank 文件由一段“File Head information”加上许许多多的“GenBank Record”组成，这种文件格式称为“GenBank Flat File”。GenBank 序列文件由单个的序列条目组成，序列条目由字段组成，每个字段由关键字起始，后面为该字段的具体说明；字段分若干次子字段，以次关键字或特性表说明符开始，每个序列条目以双斜杠“//”作结束标记。

2. EMBL 核苷酸数据库

具体步骤如下。

（1）登录 European Nucleotide Archive < EMBL - EBI 数据库（http：//www.ebi.ac.uk/）。

（2）输入关键词进入查询界面（图 2-5）。

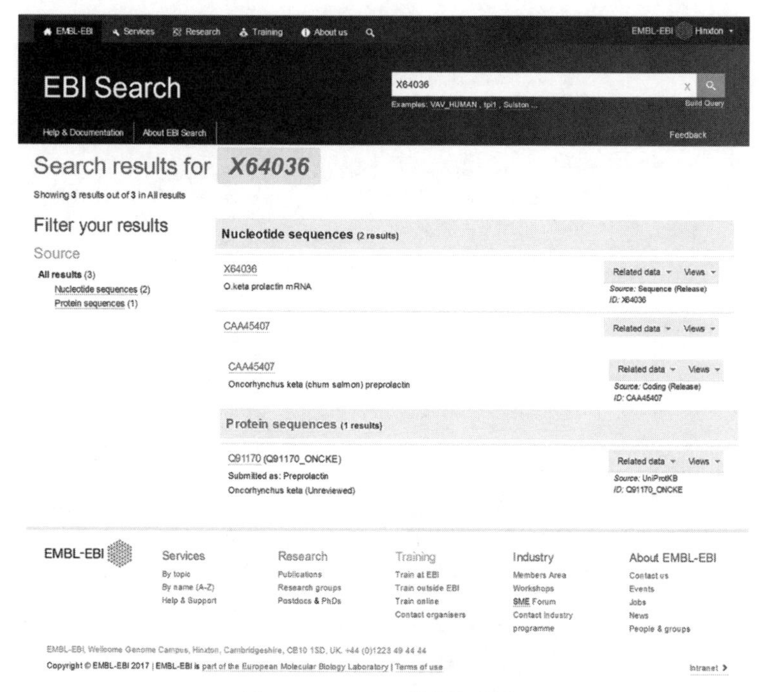

图 2-5　EMBL 数据记录表

（3）选择一个结果，进入 EMBL 结果数据记录界面。

一个 EMBL 数据结果包括 4 个部分内容：描述行、特征表（核心）、引文区、核酸序列本身（图 2-6）。

（二）蛋白质序列数据库

1. PIR 数据库

PIR（http://pir.georgetown.edu/）是一个全面的、经过注释的、非冗余的蛋白质序列数据库。其中所有序列数据都经过整理，超过 99%的序列已按蛋白质家族分类，一半以上还按蛋白质超家族进行分类。PIR 还提供一个蛋白质序列数据库、相关数据库和辅助工具的集成系统，用户可以迅速查找、比较蛋白质序列，得到与蛋白质相关的众多信息。PIR 提供 3 种类型的检索服务：①基于文本的交互式查询，用户通过关键字进行数据查询；②标准的序列相似性搜索，包括 BLAST、FastA 等；③结合序列相似性、注释信息和蛋白质家族信息的高级搜索，包括按注释分类的相似性搜索、结构域搜索等。

具体步骤如下。

（1）登录 PIR 界面（图 2-7）。

（2）搜索栏输入关键词（ABD84047），Gosearch（图 2-8）。

（3）点击结果链接，进入 PIR 数据记录界面（图 2-9）。

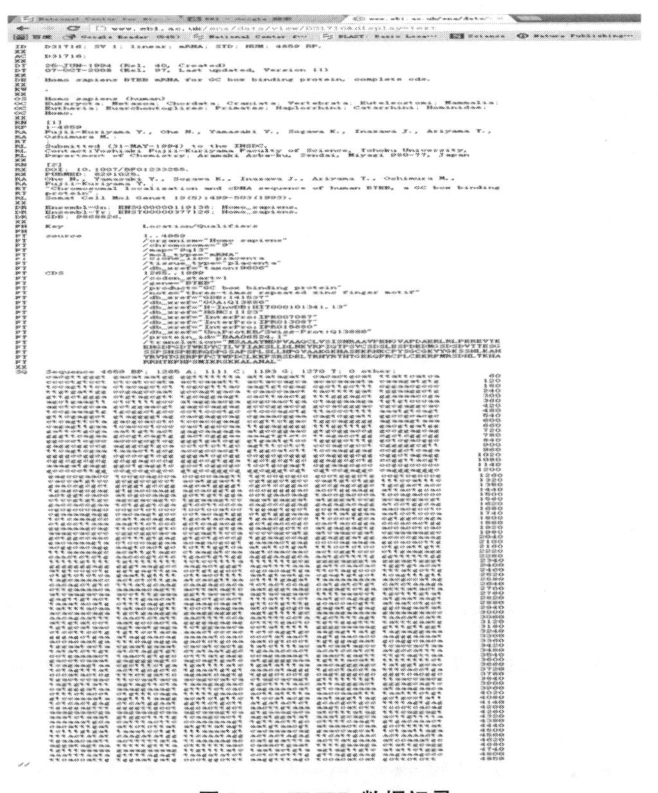

图 2-6　EMBL 数据记录

注：“ID”为序列的标识符行，包括登录号、类型，分子的长度；“AC”为登录号行；“XX”为分隔符号行；“DT”为创建和更新日期行；“DE”为序列描述行；“KW”为关键字行；“OG”行描述细胞组织；“OS”行描述生物体种属；“OC”行描述生物体分类信息；“RN”描述参考文献的编号；“RP”描述参考文献的页码；“RA”描述参考文献的作者；“RT”描述参考文献的题目；“RL”描述参考文献的出处；“RC”描述参考文献的注解；“RX”“DR”行描述交叉引用信息；“FH”为特征开始符号；“FT”为特征表行。① Feature Key，是描述域生物功能的关键字；② Location，指明特征在序列中的特定位置；③ Qualifiers，描述关于一个特征的辅助信息。

2. SWISS-PROT 数据库

SWISS-PROT（http://www.expasy.ch/sprot/sprot-top.html）是目前国际上比较权威的蛋白质序列数据库，其中的蛋白质序列是经过注释的，与其他蛋白质序列数据库比较，SWISS-PROT 有 3 个明显的特点：①注释：在 SWISS-PROT 中，数据分为核心数据和注释两大类。核心数据包括：序列数据、参考文献、分类信息（蛋白质生物来源的描述），注释包括：（A）蛋白质的功能描述；（B）翻译后修饰；（C）域和功能位点，如钙结合区域、ATP 结合位点等；（D）蛋白质的二级结构；（E）蛋白质的四级结构，如同构二聚体、异构三聚体

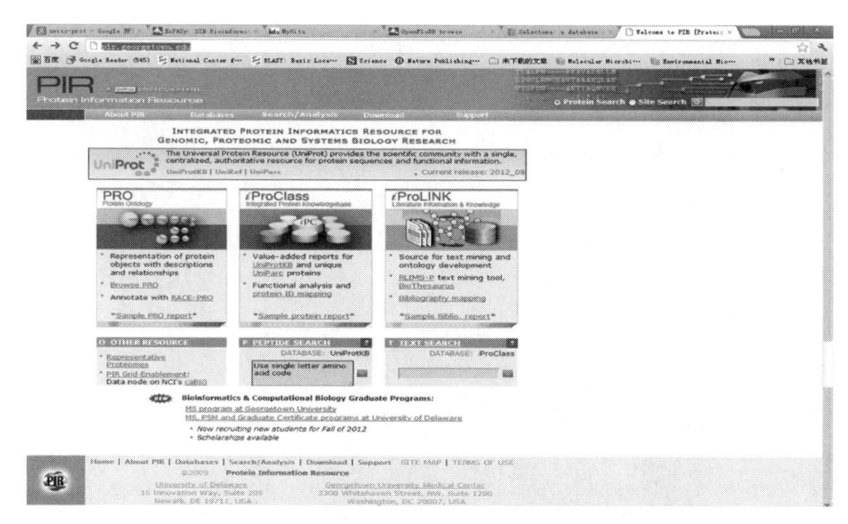

图 2-7 PIR 界面

图 2-8 PIR 数据列表界面

等；（F）与其他蛋白质的相似性；（G）由于缺乏该蛋白质而引起的疾病；（H）序列的矛盾、变化等。②最小冗余：尽量将相关的数据归并，降低数据库的冗余程度。如果不同来源的原始数据有矛盾，则在相应序列特征表中加以注释。③与其他数据库的连接：对于每一个登录项，有许多指向其他数据库相关数据的指针，这便于用户迅速得到相关的信息。

具体步骤如下。

登录 SWISS-PROT 界面（图 2-10）；搜索栏输入关键词（ABD84047），Search；点击结果链接，进入 SWISS-PROT 数据记录界面。

3. TrEMBL 数据库

TrEMBL（http：//www. ebi. ac. uk/trembl/index. html）是与 SWISS-PROT 相

```
ID   Q00KZ8_ORYSJ            Unreviewed;      1103 AA.
AC   Q00KZ8;
DT   14-NOV-2006, integrated into UniProtKB/TrEMBL.
DT   14-NOV-2006, sequence version 1.
DT   05-SEP-2012, entry version 41.
DE   SubName: Full=Bacterial blight resistance protein XA26;
GN   Name=Xa26;
OS   Oryza sativa subsp. japonica (Rice).
OC   Eukaryota; Viridiplantae; Streptophyta; Embryophyta; Tracheophyta;
OC   Spermatophyta; Magnoliophyta; Liliopsida; Poales; Poaceae; BEP clade;
OC   Ehrhartoideae; Oryzeae; Oryza.
OX   NCBI_TaxID=39947;
RN   [1]
RP   NUCLEOTIDE SEQUENCE.
RX   PubMed=16932879; DOI=10.1007/s00122-006-0388-x;
RA   Xiang Y., Cao Y., Xu C., Li X., Wang S.;
RT   "Xa3, conferring resistance for rice bacterial blight and encoding a
RT   receptor kinase-like protein, is the same as Xa26.";
RL   Theor. Appl. Genet. 113:1347-1355(2006).
CC   -!- SIMILARITY: Contains 1 protein kinase domain.
CC   -----------------------------------------------------------------------
CC   Copyrighted by the UniProt Consortium, see http://www.uniprot.org/terms
CC   Distributed under the Creative Commons Attribution-NoDerivs License
CC   -----------------------------------------------------------------------
DR   EMBL; DQ426646; ABD84047.1; -; Genomic_DNA.
DR   ProteinModelPortal; Q00KZ8; -.
DR   GO; GO:0005524; F:ATP binding; IEA:UniProtKB-KW.
DR   GO; GO:0004674; F:protein serine/threonine kinase activity; IEA:InterPro.
DR   InterPro; IPR011009; Kinase-like_dom.
DR   InterPro; IPR001611; Leu-rich_rpt.
DR   InterPro; IPR025875; Leu-rich_rpt_2_copies.
DR   InterPro; IPR003591; Leu-rich_rpt_typical-subtyp.
DR   InterPro; IPR013210; LRR-contain_N2.
DR   InterPro; IPR000719; Prot_kinase_cat_dom.
DR   InterPro; IPR017441; Protein_kinase_ATP_BS.
DR   InterPro; IPR001245; Ser-Thr/Tyr_kinase_cat_dom.
DR   InterPro; IPR008271; Ser/Thr_kinase_AS.
DR   Pfam; PF00560; LRR_1; 1.
DR   Pfam; PF12799; LRR_4; 1.
DR   Pfam; PF08263; LRRNT_2; 1.
DR   Pfam; PF07714; Pkinase_Tyr; 1.
DR   SMART; SM00369; LRR_TYP; 1.
DR   SUPFAM; SSF56112; Kinase_like; 1.
DR   PROSITE; PS51450; LRR; 12.
DR   PROSITE; PS00107; PROTEIN_KINASE_ATP; 1.
DR   PROSITE; PS50011; PROTEIN_KINASE_DOM; 1.
DR   PROSITE; PS00108; PROTEIN_KINASE_ST; 1.
PE   4: Predicted;
KW   ATP-binding; Leucine-rich repeat; Nucleotide-binding; Repeat.
SQ   SEQUENCE   1103 AA;  120150 MW;  C6F1AA1999C2C9BC CRC64;
     MALVRLPVWI FVAALLIASS STVPCASSLG PIASKSNSSD TDLAALLAFK AQLSDPNNIL
     AGNWTTGTPF CRWVGVSCSS HRRRRQRVTA LELPNVPLQG ELSSHLGNIS FLFILNLTNT
     GLTGSVPNKI GRLRRLELLD LGHNAMSGGI PAAIGNLTRL QLLNLQFNQL YGPIPAELQG
     LHSLGSMNLR HNYLTGSIPD DLFNNTPLLT YLNVGNNSLS GLIPGCIGSL PILQHLNFQA
     NNLTGAVPPA IFNMSKLSTI SLISNGLTGP IPGNTSFSLP VLRWFAISKN NFFGQIPLGL
     AACPYLQVIA MPYNLFEGVL PPWLGRLTNL DAISLGGNNF DAGPIPTELS NLTMLTVLDL
     TTCNLTGNIP ADIGHLGQLS WLHLAMNQLT GPIPASLGNL SSLAILLLKG NLLDGSLPST
     VDSMNSLTAV DVTENNLHGD LNFLSTVSNC RKLSTLQMDL NYITGILPDY VGNLSSQLKW
     FTLSNNKLTG TLPATISNLT ALEVIDLSHN QLRNAIPESI MTIENLQWLD LSGNSLSGFI
     PSNTALLRNI VKLFLESNEI SGSIPKDMRN LTNLEHLLLS DNKLTSTIPP SLFHLDKIVR
     LDLSRNFLSG ALPVDVGYLK QITIMDLSDN HFSGRIPYSI GQLQMLTHLN LSANGFYDSV
     PDSFGNLTGL QTLDISHNSI SGTIPNYLAN FTTLVSLNLS FNKLHGQIPE GGVFANITLQ
     YLEGNSGLCG AARLGFPPCQ TTSPNRNNGH MLKYLLPTII IVVGIVACCL YVVIRKKANH
     QNTSAGKADL ISHQLLSYHE LLRATDDFSD DSMLGFGSFG KVFRGRLSNG MVVAIKVIHQ
     HLEHAMRSFD TECRVLRMAR HRNLIKILNT CSNLDFRALV LQYMPKGSLE ALLHSEQGKQ
     LGFLERLDIM LDVSMAMEYL HHEHYEVVLH CDLKPSNVLF DDDMTAHVAD FGIARLLLGD
     DNSMISASMP GTVGYMAPEY GTLGKASRKS DVFSYGIMLL EVFTAKRPTD AMFVGELNIR
     QWVQQAFPAE LVHVVDCQLL QDGSSSSSSN MHDFLVPVFE LGLLCSADSP EQRMAMSDVV
     LTLNKIRKDY VKLMATTVSV VQQ
//
```

图 2-9　PIR 数据记录

注：“ID”为序列的标识符行，包括登录号、类型，分子的长度；“AC”为登录号行；“XX”为分隔符号行；“DT”为创建和更新日期行；“DE”为序列描述行；“KW”为关键字行；“OG”行描述细胞组织；“OS”行描述生物体种属；“OC”行描述生物体分类信息；“RN”描述参考文献的编号；“RP”描述参考文献的页码；“RA”描述参考文献的作者；“RT”描述参考文献的题目；“RL”描述参考文献的出处；“RC”描述参考文献的注解；“RX”“DR”行描述交叉引用信息；“FH”为特征开始符号；“FT”为特征表行。① Feature Key，它是描述域生物功能的关键字；② Location，指明特征在序列中的特定位置；③ Qualifiers，描述关于一个特征的辅助信息。

关联的一个数据库。包含从 EMBL 核酸数据库中根据编码序列（CDS）翻译而得到的蛋白质序列，并且这些序列尚未集成到 SWISS-PROT 数据库中。TrEMBL 有两个部分：① SP-TrEMBL（SWISS-PROT TrEMBL）包含最终将要集成到 SWISS-PROT 的数据，所有的 SP-TrEMBL 序列都已被赋予 SWISS-PROT 的登录号；② REM-TrEMBL（REMaining TrEMBL）包括所有不准备放入 SWISS-PROT 的数据，因此这部分数据都没有登录号。

具体步骤如下。

登录 TrEMBL 界面（图 2-11）；搜索栏输入关键词（ABD84047），Find；点

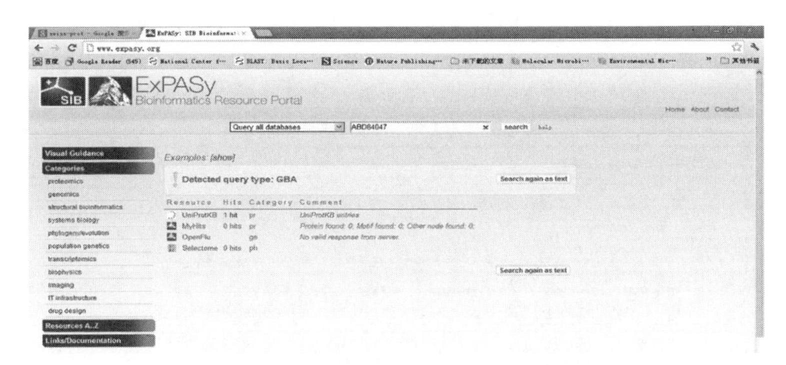

图 2-10 SWISS-PROT 数据库界面

击结果连接，进入 TrEMBL 数据记录界面。

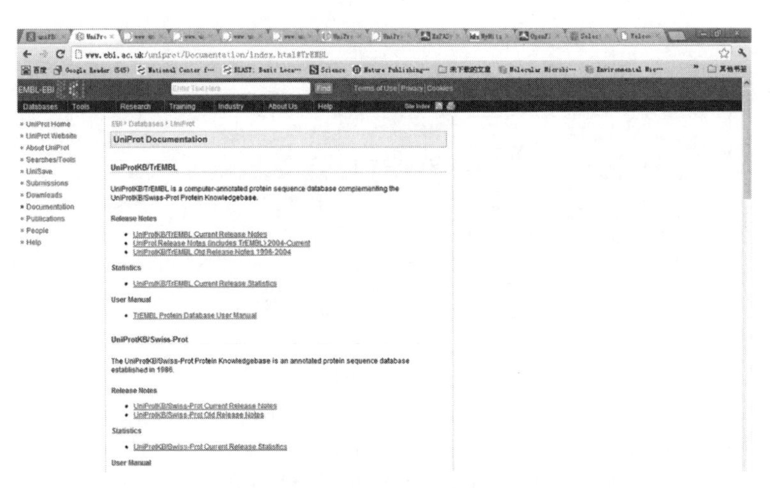

图 2-11 TrEMBL 数据库界面

4. UniProt 数据库

蛋白质数据仓库 UniProt 包括：Swiss-Prot、TrEMBL、PIR；用户可以通过文本查询数据库，可以利用 BLAST 程序搜索数据库，也可以直接通过 FTP 下载数据。UniProt 包含 3 个部分：① UniProt Knowledgebase（UniProt）蛋白质序列、功能、分类、交叉引用等信息存取中心；② UniProt Non-redundant Reference（UniRef）数据库将密切相关的蛋白质序列组合到一条记录中，以便提高搜索速度；③ UniProt Archive（UniParc）资源库，记录所有蛋白质序列的历史。

具体步骤如下。

登录 TrEMBL 界面（图 2-12）；搜索栏输入关键词（ABD84047），Search；点击结果链接，进入 TrEMBL 数据记录界面。

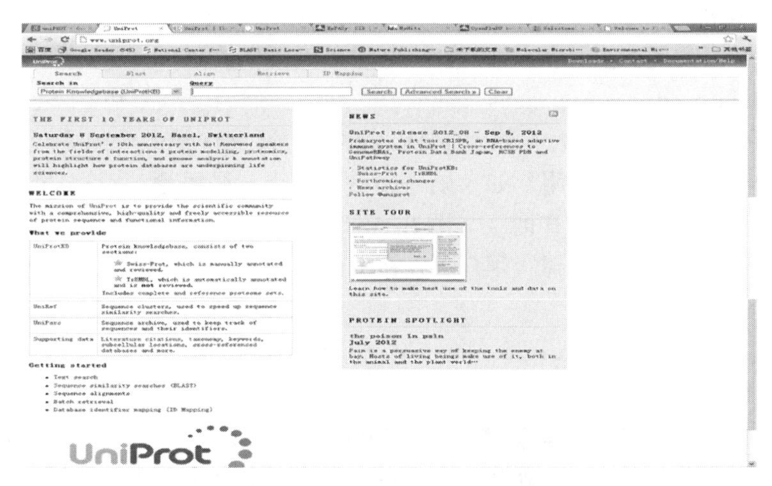

图 2-12　UniProt 数据库界面

（三）基因组数据库

基因组数据库（GDB）为人类基因组计划（HGP）保存和处理基因组图谱数据。GDB 的目标是构建关于人类基因组的百科全书，除了构建基因组图谱之外，还开发了描述序列水平的基因组内容的方法，包括序列变异和其他对功能和表型的描述。

基因组数据库是分子生物信息数据库的重要组成部分。基因组数据库内容丰富、名目繁多、格式不一，分布在世界各地的信息中心、测序中心，以及和医学、生物学、农业等有关的研究机构和大学。基因组数据库的主体是模式生物基因组数据库，其中最主要的是由世界各国的人类基因组研究中心、测序中心构建的各种人类基因组数据库。小鼠、河豚鱼、拟南芥、水稻、线虫、果蝇、酵母、大肠杆菌等各种模式生物基因组数据或基因组信息资源都可以在网上找到。随着资源基因组计划的普遍实施，几十种动物、植物基因组数据库也纷纷上网，如英国 Roslin 研究所的 ArkDB，包括了猪、牛、绵羊、山羊、马等家畜，以及鹿、狗、鸡等基因组数据库，美国、英国、日本等国的基因组中心有斑马鱼、罗非鱼、青鳉鱼、鲑鱼等鱼类基因组数据库。英国谷物网络组织（CropNet）建有玉米、大麦、高粱、菜豆等农作物，以及苜蓿、牧草、玫瑰等基因组数据库。除了模式生物基因组数据库外，基因组信息资源还包括染色体、基因突变、遗传疾病、分类学、比较基因组、基因调控和表达、放射杂交、基因图谱等各种数据库。

GDB（http：//www. gdb. org/）是一个出现较早的基因组数据库。目前 GDB 包含对下述 3 种对象的描述：①人类基因组区域，包括基因、克隆、PCR 标记物、断点、细胞遗传学标记、易碎位点、EST、综合区域、contigs、重复等；②人类基因组图谱，包含细胞遗传学图谱、连接图谱、辐射混合图谱、contig 图谱、集成图谱，所有这些图谱都可以被直观地显示出来；③人类基因组中的变化，包括基因突变和基因多态性，加上等位基因频率数据。

Ensembl（http：//www. ensembl. org/）是一个综合性基因组数据库，Ensembl包括所有公开的人类基因组DNA序列，通过注释形成的关于序列的特征。现在也包括其他基因组，如大鼠、小鼠、线虫、果蝇等。Ensembl提供多种查询方式：①通过关键字查询；②用BLAST进行相似序列的搜索；③另一种更直观的方式是显示各染色体；用户可以在染色体水平上选择感兴趣的位点，逐层放大浏览整个基因组。

dbEST（http：//www. ncbi. nlm. nih. gov/dbEST/）是GenBank的一个部分，该数据库包括不同生物的EST序列数据及其他相关信息，主要从大量不同组织和器官得到的短mRNA片段。dbSTS（http：//www. ncbi. nlm. nih. gov/dbSTS/）是NCBI的一个数据源，是GenBank的一个部分，包含基因组短标记序列（STS）的组成和定位信息，可通过BLAST搜索STS序列，或通过FTP下载序列。

主要的基因组数据库列举如下。

老鼠（Mouse）http：//www. informatics. jax. org/mgd. html

狗（Dog）ftp：//ftp. ensembl. org/pub/release-70/genbank/canis_familiaris/

牛（Cow）ftp：//ftp. ensembl. org/pub/release-70/genbank/bos_taurus/

猪（Pig）ftp：//ftp. ensembl. org/pub/release-70/genbank/sus_scrofa/

鸡（Chicken）ftp：//ftp. ensembl. org/pub/release-70/genbank/gallus_gallus/

兔（Rabbit）ftp：//ftp. ensembl. org/pub/release-70/genbank/gallus_gallus/

斑马鱼（Zebra fish）http：//zfin. org/

线虫（*C. elegans*）http：//www. faqs. org/faqs/acedb-faq/

果蝇（Drosophila）http：//flybase. org/

蚊子（Mosquito）http：//klab. agsci. colostate. edu

拟南芥（Arabidopsis）http：//www. arabidopsis. org/

棉花（Cotton）https：//www. cottongen. org/

玉米（Maize）http：//www. maizegdb. org/

水稻（Rice）http：//rice. plantbiology. msu. edu/

大豆（Soya）https：//soybase. org/

小麦（Wheat）http：//www. wheatgenome. info/

番茄（Tomato）https：//www. solgenomics. net/

家蚕（Silk）http：//silkworm. genomics. org. cn/

酵母（Yeast）http：//www. yeastgenome. org/

（四）蛋白质结构数据库

蛋白质结构数据库（Protein Data Bank，简称 PDB）是美国纽约 Brookhaven 国家实验室于 1971 年创建的。为适应结构基因组和生物信息学研究的需要，1998 年 10 月由美国国家科学基金委员会、能源部和卫生研究院资助，成立了结构生物学合作研究协会（Research Collaboratory for Structural Bioinformatics，简称 RCSB）。PDB 数据库改由 RCSB 管理，目前主要成员为拉特格斯大学（Rutgers University）、圣地亚哥超级计算中心（San Diego Supercomputer Center，简称 SDSC）和国家标准化研究所（National Institutes of Standards and Technology，简称 NIST）。与核酸序列数据库一样，可以通过网络直接向 PDB 数据库提交数据。

1. PDB 数据库

PDB（http：//www. rcsb. org/pdb/）是国际上最著名的生物大分子结构数据库，PDB 中含有通过实验（X 射线晶体衍射，核磁共振 NMR）测定的生物大分子的三维结构。PDB 的每条记录有两种序列信息，一种是显式序列信息（Explicit sequence），在 PDB 文件中，以关键字 SEQRES 作为显式序列标记，以该关键字打头的每一行都是关于序列的信息；另一种是隐式序列信息（Implicit sequence），PDB 的隐式序列即为立体化学数据，包括每个原子的名称和原子的三维坐标。

具体步骤如下。

（1）登录 PDB 数据库界面（http：//www. rcsb. org/pdb/）（图 2-13）。

（2）在搜索栏内输入关键词进行查询。

（3）进入 PDB 数据库结果记录界面。

PDB 数据结果包括：Structure Summary（结构汇总信息）、3D view（三维结构信息）、Annotations（注释信息）、Sequence（氨基酸序列信息）、Sequence Similarity（序列相似性信息）、Structure Similarity（结构相似性信息）、Experiment（结构获取所采用的实验信息）、Literature（相关文献信息）。

2. MMDB 数据库

分子模型数据库（MMDB，Molecular Modeling Database）（http：//www. ncbi. nlm. nih. gov/Structure/MMDB/mmdb. shtml）是一个实验测定的生物大分子的三维立体结构数据库，由美国国家生物技术信息中心（NCBI）所开发的生物信息数据库集成系统 Entrez 的一个部分。数据库的内容包括来自于实验的生物大分子结构数据，还提供生物大分子三维结构模型显示、结构分析和结构比较工具。MMDB 是来源于 PDB 三维结构的一部分，MMDB 重新组织和验证了这些信息，从而保证在化学和大分子三维结构之间的交叉参考。与 PDB 相比，对于数据库中的每一个生物大分子结构，MMDB 具有许多附加信息，包括分子的生物学功能、产生功能的机制、分子的进化历史等。

图 2-13　PDB 数据库界面

具体步骤如下。

（1）登录 NCBI 界面，选择 Domains & Structures 选项，选择 Structure（Molecular Modeling Database）选项，选择 search 选项，进入 MMDB 数据库界面。

（2）选择 overview 选项，输入关键词，即进入 MMDB 数据库结果记录界面（图 2-14）。

3. PROSITE 数据库

PROSITE 数据库（http：//prosite. expasy. org/）收集了生物学有显著意义的蛋白质位点和序列模式，并能根据这些位点和模式快速和可靠地鉴别一个未知功能的蛋白质序列应该属于哪一个蛋白质家族。PROSITE 中涉及的序列模式包括酶的催化位点、配体结合位点、与金属离子结合的残基、二硫键的半胱氨酸、与小分子或其他蛋白质结合的区域等，除了序列模式之外，PROSITE 还包括由多序列比对构建的 profile，能更敏感地发现序列与 profile 的相似性。PROSITE 的主页上提供各种相关检索服务。

具体步骤如下：搜索引擎上输入 Prosite，或输入网址（http：//prosite.

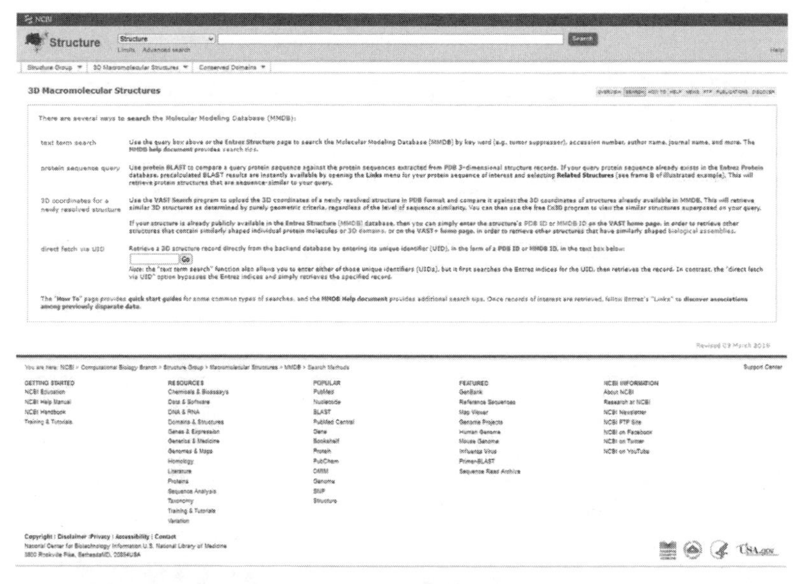

图 2-14　MMDB 数据库界面

expasy. org/）进入 PROSITE 数据库界面（图 2-15）。

4. SCOP 数据库

SCOP（Structural Classification of Proteins）（http：//scop2. mrc－lmb. cam. ac. uk/）数据库详细描述了已知的蛋白质结构之间的关系。分类基于若干层次：家族，描述相近的进化关系；超家族，描述远源的进化关系；折叠子（fold），描述空间几何结构的关系；折叠类，所有折叠子被归于全 α、全 β、α/β、α+β、多结构域蛋白、膜蛋白和细胞表面蛋白、小蛋白分类等。在此基础上按折叠类型、超家族、家族 3 个层次主级分类。

具体步骤如下：搜索引擎上输入 SCOP 或输入网址（http：//scop2. mrc－lmb. cam. ac. uk/）进入 SCOP 数据库界面（图 2-16）。

5. CATH 数据库

CATH 蛋白质结构分类数据库 Class（C）、Architecture（A）、Topology（T）和 Homologous superfamily（H）（http：//www. cathdb. info/）。CATH 数据库的分类基础是蛋白质结构域，与 SCOP 不同的是，CATH 把蛋白质分为 4 类，即 α 主类、β 主类、α-β 类（α /β 型和 α + β 型）和低二级结构类。低二级结构类是指二级结构成分含量很低的蛋白质分子。CATH 数据库的第二个分类依据为由 α 螺旋和 β 折叠形成的超二级结构排列方式，而不考虑它们之间的连接关系。形象地说，就是蛋白质分子的构架，如同建筑物的立柱、横梁等主要部件，这一层次的分类主要依靠人工方法。

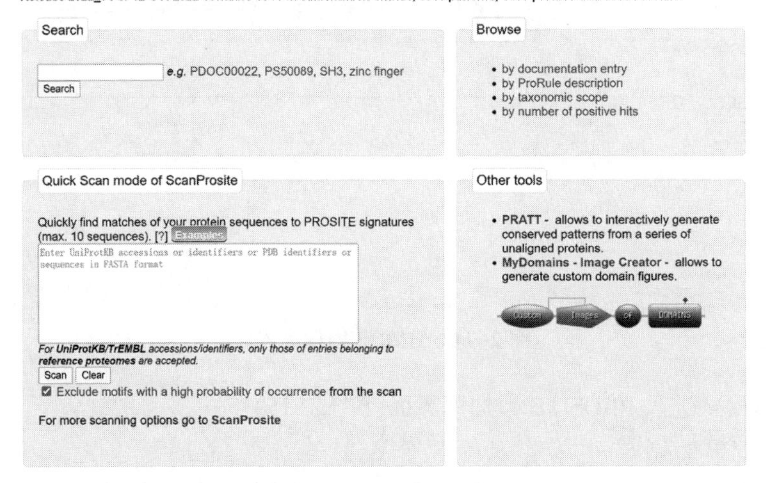

图 2-15　Prosite 数据库界面

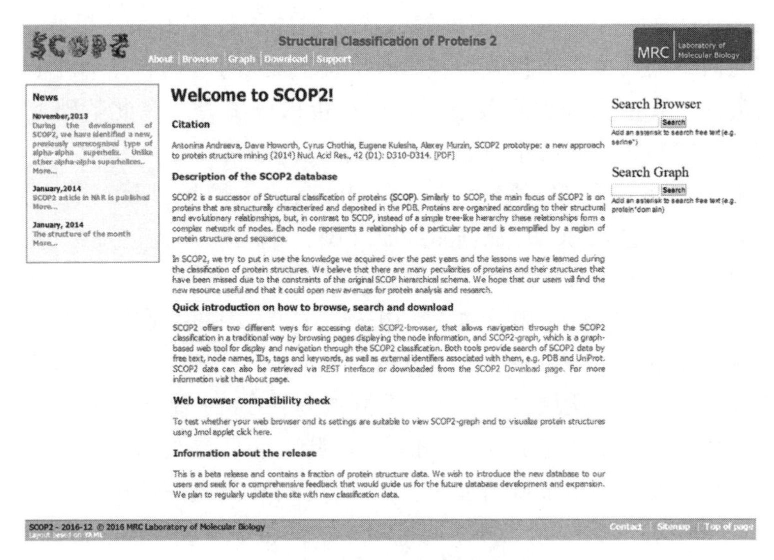

图 2-16　SCOP 数据库界面

具体步骤如下：搜索引擎上输入 CATH 或输入网址（http：//www.cathdb.info/）进入 CATH 数据库界面（图 2-17）。

（五）功能数据库

1. KEGG 数据库

KEGG（Kyoto Encyclopedia of Gene and Genome）（http：//www.genome.jp/kegg/），中文名为京都基因和基因组百科全书，是系统分析基因功能，联系基因组信息和功能信息的知识库。基因组信息存储在 GENES 数据库中，包括完整和部分测序的基因组序列；更高级的功能信息存储在 PATHWAY 数据库里，包括图解的细胞生化过程，如代谢、膜转运、信号传递、细胞周期，还包括同系保守的子通路等信息；KEGG 的另一个数据库是 LIGAND，包含关于化学物质、酶分子、酶反应等信息。KEGG 提供了 Java 的图形工具来访问基因组图谱，比较基因组图谱和操作表达图谱，以及其他序列比较、图形比较和通路计算的工具，可以免费获取。

具体步骤如下：搜索引擎上输入 KEGG，或输入网址（http：//www.genome.jp/kegg/）进入 KEGG 数据库界面（图 2-18）。

2. DIP 数据库

DIP（Database of Interacting Proteins）（http：//dip.doe-mbi.ucla.edu/）。蛋白质相互作用数据库：收集了由实验验证的蛋白质-蛋白质相互作用。数据库包括蛋白质的信息、相互作用的信息和检测相互作用的实验技术 3 个部分。用户可以根据蛋白质、生物物种、蛋白质超家族、关键词、实验技术或引用文献来查询 DIP 数据库。

具体步骤如下：搜索引擎上输入 DIP，或输入网址（http：//dip.doe-mbi.ucla.edu/）进入 DIP 数据库界面（图 2-19）。

3. ASDB 数据库

ASDB（Alternative Splicing Data Bank）（http：//cbcg.nersc.gov/asdb）。可变剪接数据库包括蛋白质库和核酸库两个部分。ASDB（蛋白质）部分来源于 SWISS-PROT 蛋白质序列库，通过选取有可变剪接注释的序列，搜索相关可变剪接的序列，经过序列比对、筛选和分类构建而成。ASDB（核酸）部分来自 Genbank 中提及和注释的可变剪接的完整基因构成。数据库提供了方便的搜索服务。

具体步骤如下：搜索引擎上输入 ASDB，或输入网址（http：//cbcg.nersc.gov/asdb）进入 ASDB 数据库界面（图 2-20）。

4. TRRD 数据库

TRRD（Transcription Regulatory Regions Database）（http：//wwwmgs.bionet.nsc.ru/mgs/dbases/trrd4/）。转录调控区数据库是在不断积累的真核生物基因调控区结构-功能特性信息基础上构建的。每一个 TRRD 的条目中包含特定基因的

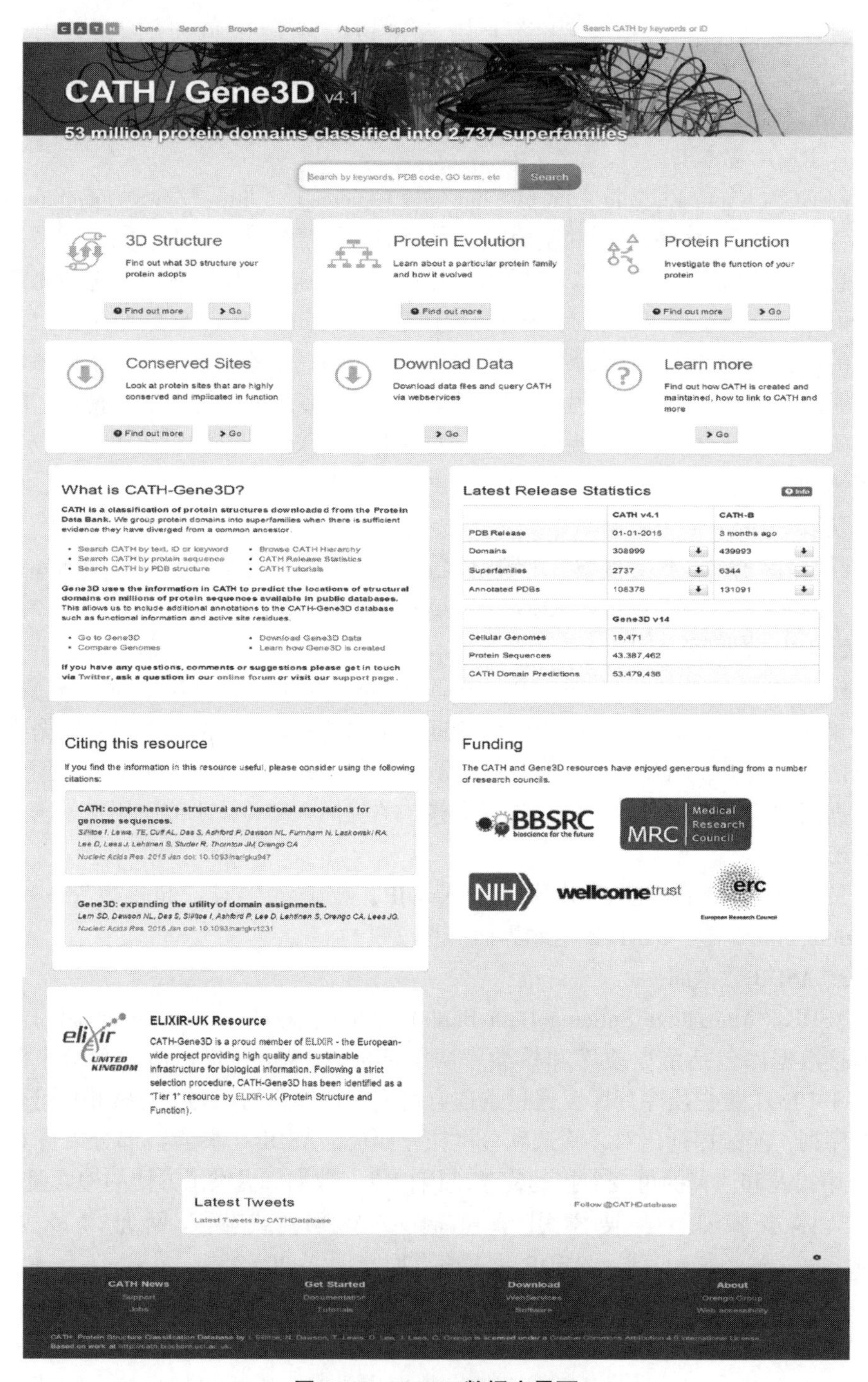

图 2-17　CATH 数据库界面

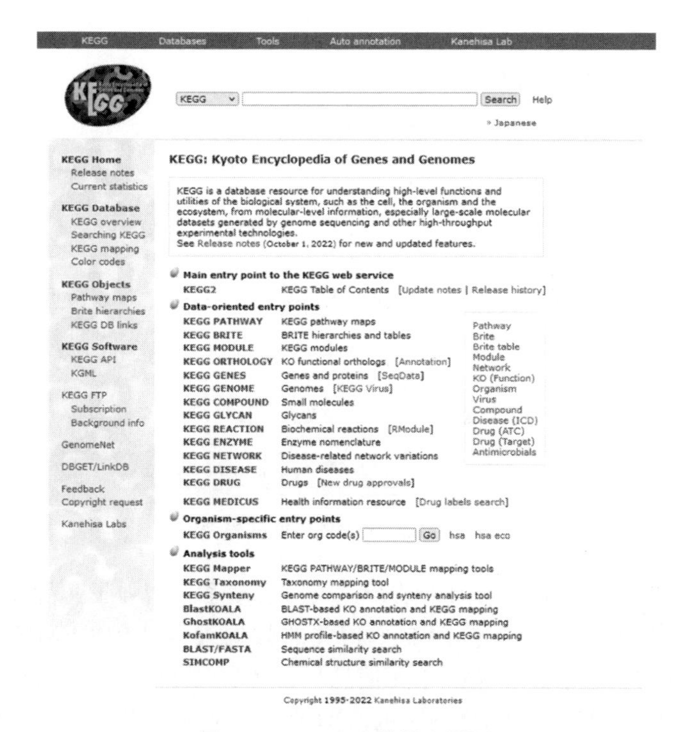

图 2-18　KEGG 数据库界面

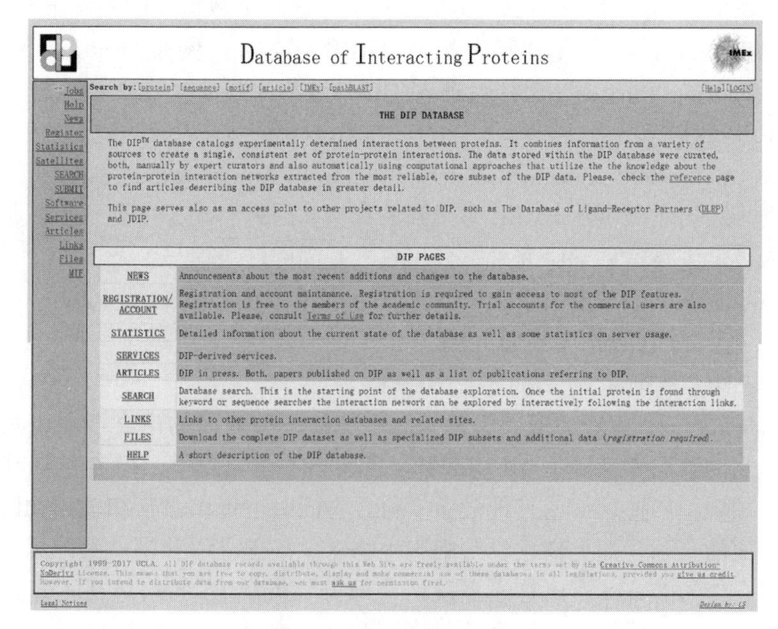

图 2-19　DIP 数据库界面

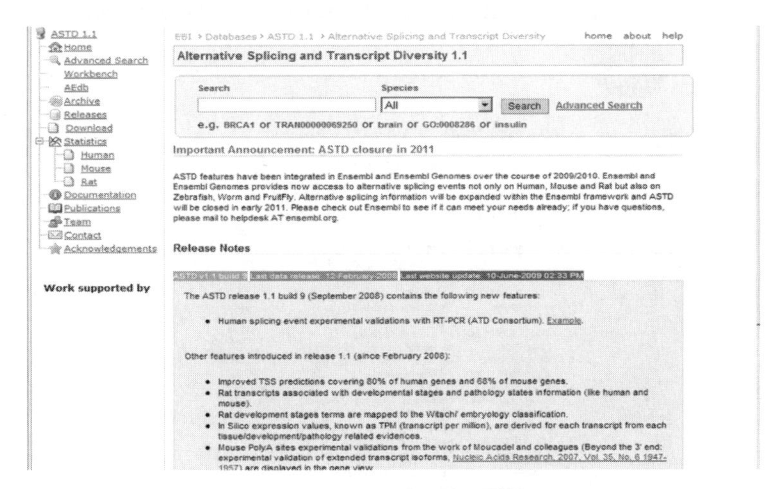

图 2-20　ASDB 数据库界面

各种结构-功能特性，如转录因子结合位点、启动子、增强子、静默子，以及基因表达调控模式等。TRRD 包括 5 个相关的数据表：TRRDGENES（包含所有 TRRD 库基因的基本信息和调控单元信息）、TRRDSITES（包括调控因子结合位点的具体信息）、TRRDFACTORS（包括 TRRD 中与各个位点结合的调控因子的具体信息）、TRRDEXP（包括对基因表达模式的具体描述）、TRRDBIB（包括所有注释涉及的参考文献）。TRRD 主页提供了对这几个数据表的检索服务。

具体步骤如下：搜索引擎上输入 TRRD，或输入网址（http：//wwwmgs. bionet. nsc. ru/mgs/dbases/trrd4/）进入 TRRD 数据库界面（图 2-21）。

5. EPD 数据库

EPD（Eukaryotic promoter Database）（http：//www. epd. isb-sib. ch/）。真核基因启动子数据库提供从 EMBL 中得到的真核基因的启动子序列，目标是帮助实验研究人员、生物信息学研究人员分析真核基因的转录信号。

具体步骤如下：搜索引擎上输入 EPD，或输入网址（http：//www. epd. isb-sib. ch/）进入 EPD 数据库界面（图 2-22）。

6. PubMed 数据库

PubMed 是一个免费的搜寻引擎，提供生物医学方面的论文搜寻以及摘要的数据库。它的数据库来源为 MEDLINE。其核心主题为医学，但亦包括其他与医学相关的领域，如护理学或其他健康学科。它同时也提供对于相关生物医学资讯上相当全面的资源，如生物化学与细胞生物学。该搜寻引擎是由美国国立医学图书馆提供，作为 Entrez 资讯检索系统的一部分。PubMed 的信息并不包括期刊论文的全文，但可能提供指向全文提供者（付费或免费）的链接。PubMed 是因特网上使用最广泛的免费 MEDLINE，是美国国家医学图书馆（NLM）所属的国家

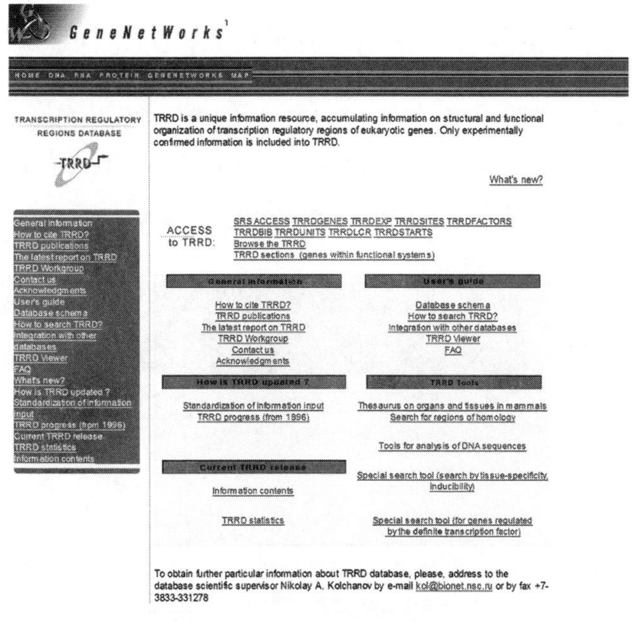

图 2-21　TRRD 数据库界面

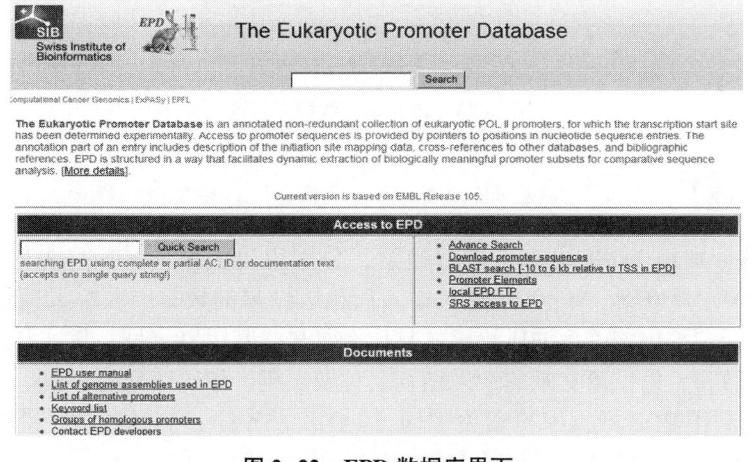

图 2-22　EPD 数据库界面

生物技术信息中心（NCBI）于 2000 年 4 月开发的，基于 WEB 的生物医学信息检索系统，它是 NCBI Entrez 整个数据库查询系统之一。PubMed 界面提供与综合分子生物学数据库的链接，其内容包括 DNA 与蛋白质序列、基因图数据、3D 蛋白构象、人类孟德尔遗传在线，也包含着与提供期刊全文的出版商网址的链接等。PubMed 系统的特征工具栏提供辅助检索功能、侧栏提供其他检索如期刊数据库检索、主题词数据库检索和特征文献检索。提供原文获取服务，免费提供题录和文摘，可与提供原文的网址链接，提供检索词自动转换匹配，操作简便、快捷。

具体步骤如下：搜索引擎上输入 PubMed，或输入网址（https：//www. ncbi. nlm. nih. gov/pubmed/？ term=）进入 PubMed 数据库界面（图 2-23）。

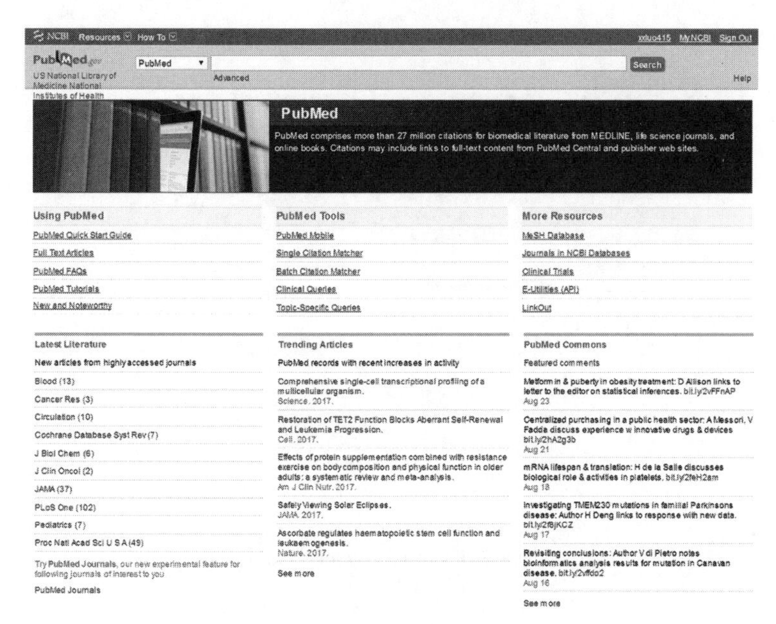

图 2-23　PubMed 数据库界面

【作业】

1. 请分别用 NCBI 和 EBI 进行检索，分别说出关键词（NC_003070、NC_003076、NC_003075、NC_003074）输入后检索结果的数目，在检索条目的第一个结果中，请说出该关键词所给出的具体登录号，基因鉴定号，版本号，物种名称，文献数目，第一篇文献的杂志期刊名称及页码，编码序列的个数。

2. 请利用 PDB 数据库检索关键词（4ADZ、5W8A、5VHS），并说明 3 个关键词中各个蛋白质的结构获得的实验方法，所引用的文献。

【参考文献】

张阳德，2005. 生物信息学［M］. 北京：科学出版社.

赵国屏，2004. 生物信息学［M］. 北京：科学出版社.

Attwood T K，Parry-Smith D J，2002. 生物信息学概论［M］. 罗静初译 . 北京：北京大学出版社.

Axevanis A D，Francis B F，2000. 生物信息学：基因和蛋白质分析的实用指南［M］. 李衍达，孙之荣译 . 北京：清华大学出版社.

Brooksbank C，Camon E，Harris M A，*et al.*，2003. The European bioinformatics institute's data resources［J］，Nucleic Acids Res，31：43–50.

Campbell A M，Heyer L J，2004. 探索基因组学、蛋白质组学和生物信息学［M］. 孙之荣译 . 北京：科学出版社.

KanzC，Aldlebrs P，Althorpe N，*et al.*，2004. The EMBL Nucleotide Sequence Database［J］. Nucleic Ads Res，32：27–30.

Tateno Y，Saitou N，Okubo K，*et al.*，2005. DDBJ in collaboration with mas sequencing teams on annotation［J］，Nucleic Acids Res，33：25–28.

Ware DH，Jaiswal P，Ni J，*et al.*，2002. Gramene，a tool for grass genomics. Plant Physiol，130：1606–1613.

第三章　数据库的检索

【概述】

生物大分子所收集的序列信息、结构信息、表达信息、定位信息、相互作用信息等海量生物信息数据需要进行管理，以便后续分析及充分利用。这些数据分析整理好之后就是“宝贝”，可以通过这些数据形成一定的结论，指导实验的进行，也可为其他科研人员的查询提供便利；如果未经充分分析及整理，这些数据实际上就变为“垃圾”，找不出一定的规律，也无法有效利用，浪费了之前宝贵的时间和金钱来收集这些数据。生物信息数据库就是对海量的生物信息数据进行存储、分析及利用的最佳平台。

生物数据库分类有多种方法。按照所记录的数据来源，可将数据库分为一级数据库与二级数据库，其中一级数据库的数据来源于生物实验直接测定的数据，对这些数据的注释分析也一并存储于一级数据库；二级数据库的数据来源于对一级数据库所存储数据的进一步发掘，其数据注释分析更全面。当然，随着生物信息学的发展，一级数据库与二级数据库的区分已经不是绝对，一级数据库对所收集的数据的分析挖掘工作越来越全面，二级数据库也会收录部分实验直接测定的数据。按照所记录的数据类型，可将数据库分为核酸序列数据库、蛋白质序列数据库、蛋白质结构数据库、基因组数据库、非编码 RNA 数据库等。生物信息数据库发展的趋势是所收集的信息数据越来越多，数据库的结构也会越来越复杂，并都有从专项数据库变为综合数据库的趋势。本章将按照数据的类型对生物数据资源进行分类介绍。

通过生物数据库的学习要达到几个目的：一是要熟悉各数据库存储数据的类型、格式、特点等；二是要熟悉数据库的检索方法；三是了解数据库所记录数据的下载、自有数据的提交方法。所有生物信息数据库均有详细的说明文件或帮助文件，这些文件是学习掌握该数据库的钥匙，要善加利用。

【实验目的】

1. 熟悉 NCBI 中数据库的基本检索和跨库检索。
2. 掌握 NCBI 中数据库的限制检索方法。

【实验内容】

以核酸序列 BC060830 和 NM_000230 为例，通过使用 Entrez 信息查询系统进行检索，并提取该序列内容，阅读序列格式的解释，理解其含义，进而掌握数据库的检索方法。

【实验仪器、设备及材料】

计算机（联网）。

【实验原理】

利用现代信息检索系统，如联机数据库、光盘数据库和网络数据库检索有关信息而采用的相关技术。主要有布尔检索、邻近检索、截词检索和限制检索，本实验主要练习限制检索。

【实验步骤】

（一）基本检索和跨库检索

1. 基本检索

NCBI 主页选择数据库，输入关键词，检索到的信息目录，每一条信息与其他数据库的相关信息链接，查看信息内容。

2. 跨库检索

NCBI 主页选择“All Databases”或 Entrez 主页，输入关键词，各个数据库中检索到的信息数量，点击相应数据库查看信息目录，点击每一条信息与其他数据库的相关信息链接。

（二）限制检索

1. 字段限制检索、强制短语检索

对关键词进行限定，所使用的符号是［］。例如：输入某基因的名称：Cas［GENE］或 Cas［GENE NAME］；输入生物体名称：Streptomyces［ORGN］or Streptomyces［ORGANISM］；输入作者姓名：Xue［AUTH］or Xue［AUTHOR］。

在 GenBank 中有对限定词的专门规定，具体如下：登录 NCBI，选择 Books 数据库，输入 NBK49540，进入 Field Descriptions for Sequence Database 界面，该界面对限定词进行专门规定（图 3-1）。

2. 特殊标志符检索

当关键词为特殊标志符时，对标志符进行限定，所使用的符号是［］。例如：输入某标志符：AY123456［ACCN］或 AY123456［ACCESSION］。

特殊标志符的格式如下。

图 3-1　限定词总结

序列辨认号（GI）：一串阿拉伯数字，如：19440733；GenBank/EMBL/DDBJ 序列接受号（登录号：Accession）：1 个字母+5 个阿拉伯数字（如 U12345）或 2 个字母+6 个阿拉伯数字（如 AY123456）。

RefSeq（Reference Sequence）序列接受号（登录号：Accession）的特殊规定：mRNA 记录（NM_*），如：NM_000492；基因组的 DNA 重叠群（NT_*），如：NT_000347；完整的基因组或染色体（NC_*），如：NC_000907；基因组的局部区域（NG_*），如：NG_000019；从人类基因组注释、加工得到的序列模型（XM，XP，or XR_*），如：XM_000483。

PDB 序列接受号（登录号：Accession），1 个阿拉伯数字+3 个字母，如：1TUP。

3. 序列长度检索

当关键词为某序列的长度时，必须对序列长度进行限定，所使用的符号是

[ ]。例如，输入长度值：2000 [SLEN] 或 2000 [Sequence Length]。

4. 范围检索

当关键词为某范围时，所使用的符号是：，同时要对关键词进行限定。例如，输入序列 2 000 bp 至 3 000 bp 的范围：2000:3000 [SLEN] 或 2000:3000 [Sequence Length]。

序列接受号范围检索：AF114696:AF114714 [ACCN]；序列长度范围检索：3000:4000 [SLEN]；日期范围检索：2005/01:2006/09/26 [MDAT] or [PDAT]。

5. 多个关键词检索时需要加连接词

在 NCBI 中主要使用 3 个连接词，分别为 AND、OR、NOT，例如：rice AND enzyme（AND 为缺省值，可略去），rice AND enzyme NOT kinase，retrotransposon OR retroelement。

6. 多个关键词为同一词组

当多个关键词为同一词组时需用“”将两个单词组成一个词组。如 16S rRNA = 16S AND16S rRNA 可以写成“16S rRNA”。

7. 当关键词为模糊词或词组

当关键词为模糊词或词组时，可以用 * 表示，放在单词后使检索范围扩大，但检索结果的专一性明显降低，检索结果明显增多。

【作业】

1. 利用“跨库检索”关键词：insulin 和 metalprotease，请检索利用两个关键词分别说出：pubmed、EST、GSS、ProteinCluster、Structure 等库的结果数目。

2. 利用“选择数据库进行检索”关键词：insulin 和 metalprotease，请检索利用两个关键词分别说出：Books、Homologene、Taxonomy、BioSystem、Conserved Domain 等库的结果数目。

3. 在 PubMed 中检索 Raffi V. Aroian 在 2011 年 1 月发表的科研论文总共有多少篇。

4. 请检索在 1999 年的长度为 50~60 个氨基酸的人类蛋白质序列的数目。

5. 请检索拟南芥 6-磷酸葡萄糖异构酶基因 D-构型核苷酸序列的数目。

6. 请检索免疫抑制因子基因在 2000—2013 年发表的文章的数目。

7. 请检索关于秀丽小杆线虫在 2000—2013 年发表在 Plos Pathogens 杂志上文章的数目。

【参考文献】

李霞，李亦学，廖飞，2010. 生物信息学 [M]. 北京：人民卫生出版社.

孙啸，陆祖宏，谢建明，2005. 生物信息学基础［M］. 北京：清华大学出版社.

Dulbecco R，1986. A turning point in cancer research：sequencing the human genome［J］. Science，231：1055-1056.

Gilbert W，1991. Towards a paradigm shift in biology［J］. Nature，349：99.

Hagen J B，2000. The origins of bioinformatics［J］. Nature Reviews Genetics，2：231-236.

Hogeweg P，2009. The roots of bioinformatics in theoretical biology［J］. PLoS Computational Biology，7：e1002021.

Mount D W，2001. Bioinformatics：Sequence and Genome Analysis［M］. Cold Spring Harbor Laboratory Press.

Nurse P，2008. Life，logic and information［J］. Nature，454：424-426.

Roos D S，2001. Bioinformatics-trying to swim in a sea of data［J］. Science，291：1260-1261.

第四章　利用 BLAST 进行序列相似性比对

【概述】

比较是科学研究中最常见的研究方法之一，通过将研究对象进行相互比较，以寻找研究对象可能具备的某些特征和特性。在生物信息学研究中，序列比对就是对生物分子序列进行比较，通过对两个或多个核苷酸或氨基酸序列按照一定的规律排列起来，逐列比较其字符的异同，判断它们之间的相似程度和同源性，从而推测它们的结构、功能以及进化上的联系。

序列比对是生物信息学中最基本、最重要的操作之一，它的理论基础是进化学说，即如果两个序列之间具有足够高的相似性，那么二者可能是由共同的进化祖先经过序列内残基的替换、残基或序列片段的缺失或插入以及序列重组等遗传变异过程分别演化而来。因此，通过序列比对可以发现生物序列中的功能、结构和进化的信息。序列比对的任务就是通过比较生物分子序列，发现它们的相似性，找出序列之间的共同区域，同时辨别序列之间的差异。在分子生物学中，不同核酸分子（或蛋白质分子）的相似性包括多方面的含义，可能是分子序列之间的相似，可能是分子空间结构的相似，也可能是分子功能的相似。对于生物大分子，尤其是蛋白质分子，一个普遍的规律是分子的序列决定其空间结构，而这种空间结构决定它的功能。研究序列相似性的目的之一就是通过比较未知序列和已知序列的相似性来预测未知序列的结构和功能，研究序列相似性的另一个目的是通过序列的相似性，推断序列之间的同源性，推测序列之间的进化关系。

根据同时进行比对的序列数目的不同，序列比对分为双序列比对（Pairwise alignment）和多序列比对（Multiple sequence alignment）。两条序列的比对称为双序列比对；3 条或以上序列的比对称为多序列比对。

序列比对如果从比对范围考虑也可分为全局比对（Global alignment）和局部比对（Local alignment）。全局比对是从全长序列出发考察序列之间的整体相似性；而局部比对则着眼于序列中的某些特殊片断，比较这些片断之间的相似性。局部相似性比对的生物学基础是蛋白质功能位点往往是由较短的序列片段组成的，尽管在序列的其他部位可能有插入、删除或突变，但这些功能位点的序列具有相当大的保守性，而应用局部比对的方法可以发现不同序列中的这些保守序列，其结果更具有生物学意义。

序列相似（Similarity）和序列同源（Homology）是两个完全不同的概念。

序列之间的相似可以用一个数值来表示，即序列比对结果中序列之间相同核苷酸或氨基酸所占比例的大小；而序列之间的同源是指从某一共同祖先经过趋异进化而形成的不同序列。当两条序列同源时，它们的氨基酸或核苷酸序列通常有显著的一致性（Identity）。如果两条序列有一个共同的进化祖先，那么它们是同源的。两条序列要么是同源的，要么是不同源的，不存在同源性（Homology）的程度问题。在实际应用中可以根据序列的相似程度来推断比对序列是否具有同源性。

BLAST 的搜索序列和查询数据库可以是核酸序列，也可以是蛋白质序列，不同的序列所用的 BLAST 模块不同，具体如表 4-1 所示。

表 4-1 BLAST 的 5 个模块

模块	查询序列	搜索数据库的个数	搜索数据库	说明
blastp	蛋白质	1	蛋白质	使用 blastp 来将一个蛋白质查询序列与一个蛋白质数据库进行比较
blastn	DNA	1	DNA	使用 blastn 来将一个 DNA 查询序列的两条链与一个 DNA 数据库进行比较
blastx	DNA	6	蛋白质	使用 blastx 来将一个 DNA 序列用所有可能的阅读框翻译成 6 个蛋白质序列，然后将它们逐一与蛋白质数据库进行比较
tblastn	蛋白质	6	DNA	使用 tblastn 来将一个 DNA 数据库中的每一条序列翻译成 6 种可能的蛋白质，然后将你要查询的蛋白质序列与翻译的蛋白质逐一进行比较
tblastx	DNA	36	DNA	使用 tblastx 将查询 DNA 以及数据库中的 DNA 都翻译成 6 种可能的蛋白质，然后进行 36 次蛋白质-蛋白质数据库搜索

【实验目的】

熟悉序列比对的数学基础，掌握在 NCBI 网页上进行 BLAST 比对、查询技能。

【实验内容】

在应用方面，BLAST 分为 3 个方向，BLAST Assemble Genomes（在指定的基因组里鉴定同源基因，从而在基因组上实现定位），Basic BLAST（常规 BLAST，即在数据库里搜索亲缘性的序列）和 Specialized BLAST（对 DNA、蛋白质的序列进行特殊 BLAST，以期获得特殊的结构域、引物、抗体、SNP、表达谱、转录谱等），在这 3 组 BLAST 中，最常用的是 Basic BLAST，它也是实现咨询序列与数据库中所有序列比较的 BLAST。

通过简单的 BLAST 练习两条短序列的比对，熟悉两条字符串比对的原理；

通过提交序列在数据库中进行 BLAST 在线比对，掌握在 NCBI 网页上进行 BLAST 比对、查询功能。

【实验仪器、设备及材料】

装有 Windows XP、Windows 2000 或 Windows 7 及以上操作系统的计算机，同时要求装有两个网页浏览器（IE8、360 极速浏览器）。

【实验原理】

BLAST 算法是 1990 年由 Altschul 等提出的两序列局部比对算法，采用一种短片段匹配算法和一种有效的统计模型找出目的序列和数据库之间的最佳局部比对效果。BLAST 算法是一种基于局部序列比对的序列比对算法，广泛使用在蛋白质 DNA 序列的分析问题中，在其他序列相似性比对中也有应用。传统的基于动态规划的局部性比对性算法采用的是精确的序列比对，虽然有较好的比较结果，但是对于长度为 n 和 m 的两个待比较序列，局部性比对算法的时间复杂度有 O（mn），这个时间复杂度对于序列匹配来说代价太大。BLAST 是一种在局部性比对基本上近似比对的算法。它在保持较高精度的情况下可以大大减少程序运行的时间，是大规模序列对比问题速度和精确性都可以接受的解决方法之一。它的基本思想是通过产生数量更少的、但质量更好的增强点来提高匹配的精确度。首先采用哈希法对查询序列以碱基的位置为索引建立哈希表，然后将查询序列和数据库中所有序列联配，找出精确匹配的“种子”，以“种子”为中心，使用动态规划法向两边扩展成更长的联配，最后在一定精度范围内选取符合条件的联配按序输出，得分最高的联配序列就是最优比对序列。

【实验步骤】

（一）BLAST 分析

1. 将感兴趣的序列整理成 fasta 格式粘贴到 BLAST 的输入框中（如下）。

>123

CTGTGCGGATTCTTGTGGCTTTGGCCCTATCTTTTCTATGTCCAAGCTGTGCCCATCCAA

2. 选择一个 BLAST 程序（blastp、blastn、blastx、tblastx、tblastn）（图 4-1）。

3. 进入 Blast 程序界面（图 4-2）

（1）输入序列（Enter Query Sequence），也可以上传序列文件。

（2）选择一个用于搜索的数据库（Choose Search Set）。选择要比对的数据库，一般是选择“others”，如果已知是人或鼠的序列，则可以在前二者中选其

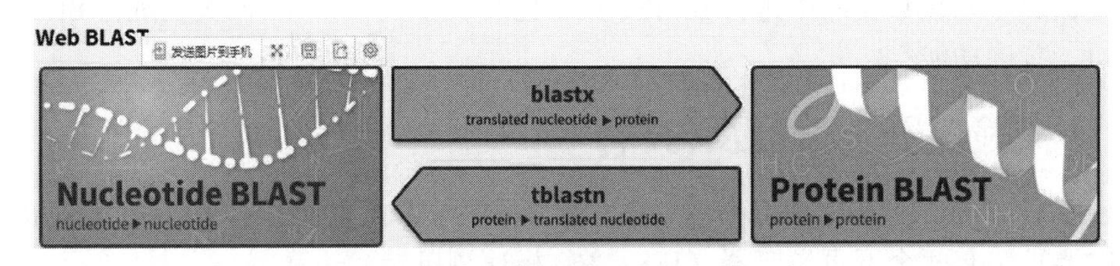

图 4-1 Blast 程序选项界面

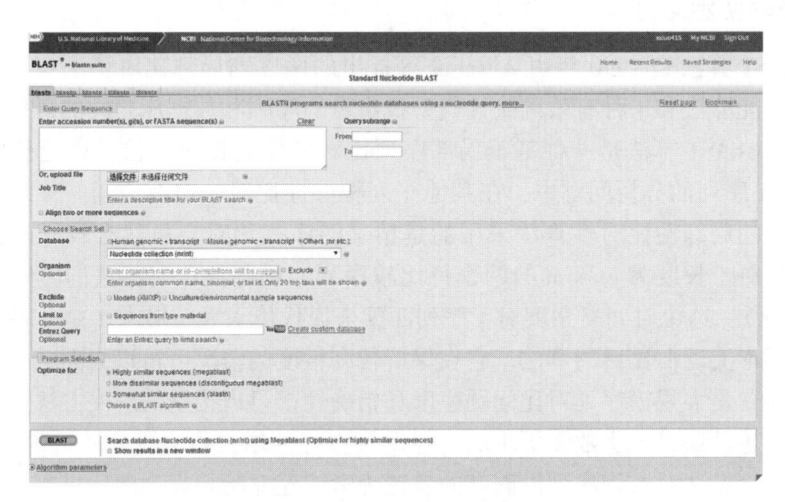

图 4-2 Blast 程序分析界面

一。常用的数据库是 nr/nt 数据库，也可以根据需要选择自己要比对的数据库。

(3) 选择程序（Program Selection）。在 blastn 中提供了 3 种精度的 BLAST 程序，分别是高相似度的 BLAST（Megablast）、中相似度的 BLAST（Discontiguous megablast）和低相似度的 BLAST（BLASTn），一般默认是 megablast。

(4) 最后按下“BLAST”按钮，运行 BLAST 程序。

4. 调整 BLAST 程序分析的参数（Algorithm parameters）。这些选项包括选择替换矩阵，过滤复杂度低的序列，以及将搜索范围限制在某些特定的物种中（图 4-3）。

在 blastn 主页，点击“Algorithm parameters”（算法参数），将出现一个有很多选项的页面。对于大多数搜索，最佳选项设置为缺省状态，通过改变参数可以进行深入搜索研究。

(1) “Max target sequences”选项：该选项表示允许显示最多序列的条数，默认值是 100，这是 NCBI 的管理员设定的，如显示过多会增加页面的响应时间，如调小此值，可加快显示速度。

(2) “Expect threshold”选项：如果缺省值为 10，表示联配结果中将有 10

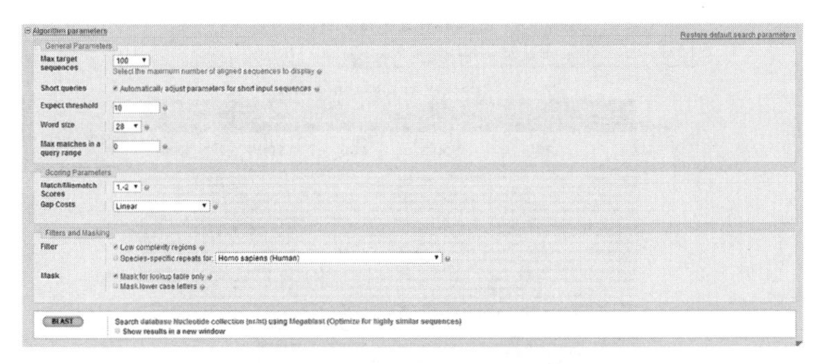

图 4-3　Blast 参数设置界面

个匹配结果是随机产生的，如果联配的统计显著性值（E 值）小于该值（10），则该联配结果将被检出，“Expect threshold”的阈值越低，搜索结果越严格，结果报告中随机产生的匹配序列减少。

（3）“Word size”（字长）选项：BLAST 程序师通过比对未知序列与数据库中的短序列来发现最佳匹配序列。最初进行“扫描”（Scanning）就是确定匹配片段。在进行匹配时，为了加快匹配的速度，基本的匹配单位并不是单个碱基（一个 word），而是由多个碱基组成的起始字符组，这个字符组越短，比对越精确，比对的时间越长。随着数据库的扩容，NCBI 中 BLAST 的 W 默认值调整为 28，而以前是 11。

（4）“Scoring Parameters”（分值）选项：Match/mismatch 的比值决定你所接受的进化分歧程度，二者的比值是与 PAM 矩阵的数值变化相对应的，如果二者的比值高，则 PAM 矩阵也应该选择大一些，以适应相应的较大的分歧程度。

（5）“Filters and Masking”（过滤器）选项：设为“ON”（开），有助于过滤无用序列或相似性过低的序列。

5. 获得 BLAST 分析的结果：运行结束后，将显示出 BLAST 结果。

（1）“Graphic Summary”（图 4-4，简图）。最上面的粗红线表示提交的待搜索序列（Query），在该线上有一个刻度，刻度下的数字表示序列长度。该线上面不同颜色的彩色键（Color key）代表相似度的大小，大于 200 分的是以红色显示，通常如果下面出现了红线，就可以判断所提交的序列在数据库中检索到与其具有较高相似度的片段。注意在本实验中，下面共有多少条红线、粉红线、绿线、蓝线和黑线（颜色与网站结果相对应）。

（2）在“Descriptions”部分，给出了图 4-4 显示序列的具体描述（图 4-5），两图之间是一一对应的。和图 4-4 一样，分值（Score）大（表明同源性越高）的序列排在前面。此外，E 值（E-value）也很重要，E 值表示由于随机性造成获得这一联配结果可能次数。E 值越接近于 0，发生这一事件的可能性越

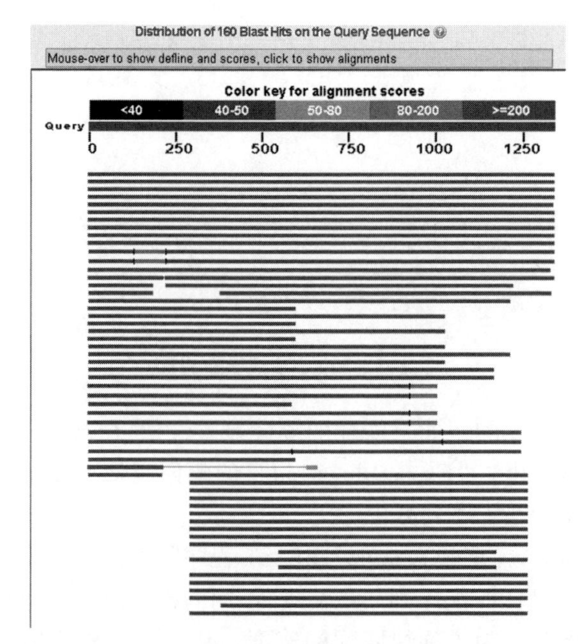

图 4-4 BLAST 结果之“Graphic Summary”（简图）

小，即这一事件不是随机的。如某序列的 E 值为 4e-163（4×10^{-163}），那么，这条数据库中的序列可被认为是所提交的咨询序列的变异体。此外，Query coverage 表示序列覆盖度，Max Ident 表示最大序列相似度。

（3）在“Alignments”部分，给出了上面每一条序列的具体比对结果（图 4-6），和图 4-4、图 4-5 也是一一对应的。在这里给出了咨询序列与数据库中序列的详细情况，如序列的详细比对、得分（Score）、一致性（Identities）等信息。在序列比对中，“｜”表示两个碱基相同，如没有，表示二者不同；“—”表示此处出现一个空隙（Gap）。如图中显示，比对到的序列长度为 1405，看 Identities 这一值，才匹配到 1 344 bp，而输入的序列长度也为 1 344 bp，就说明比对到的序列要长一点。由 Qurey（起始 1）和 Sbjct（起始 35）的起始位置可知，5′端是多了一段的。有时也要注意 3′端的。在 BLAST 比对中，评价标准有 E 值（Expect），一致性（Identities），缺失或插入（Gaps），还有长度共 4 个标准。

（二）BLAST 程序本地化使用

1. BLAST 程序下载

ftp：//ftp. ncbi. nlm. nih. gov/blast/executables/release/2. 2. 9/blast - 2. 2. 9 - ia32-win32. exe

（1）将此地址复制到 IE 的地址栏，击“回车”后，选择存放地址后即可下载。

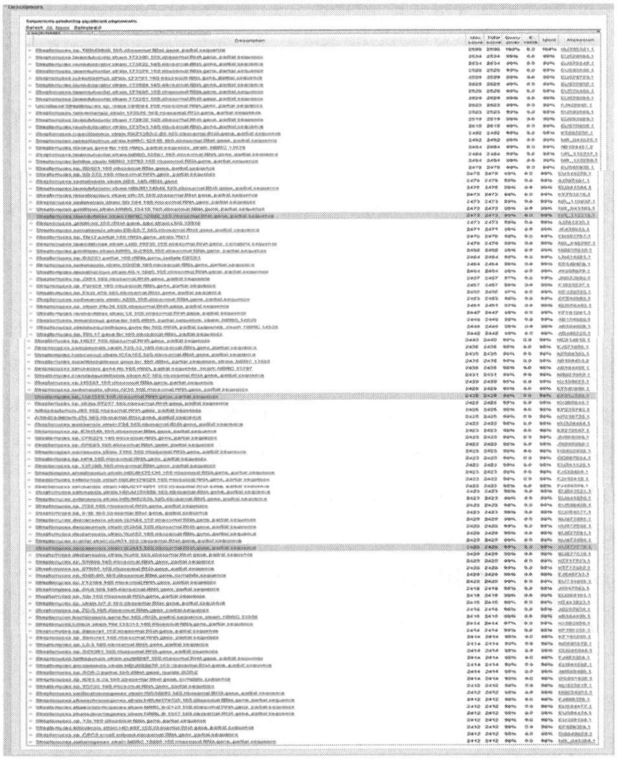

图 4-5　BLAST 结果之"Descriptions"（结果描述）

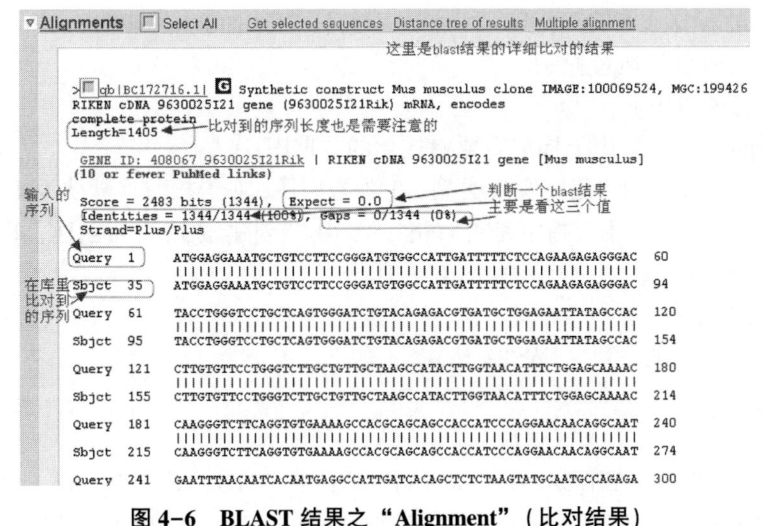

图 4-6　BLAST 结果之"Alignment"（比对结果）

（2）将此地址复制到迅雷中，选择存放地址后也可下载，也可以下载新版本 ncbi-blast-2.2.25+-ia32-win32.tar.gz。

2. 程序安装

blast-2.2.9-ia32-win32.exe 为自解压文件，双击运行后，在当前目录中会释放出 3 个文件夹：bin 文件夹、doc 文件夹和 data 文件夹（为一致起见，先在 D 盘建立一个名为“SWXX”的文件夹，将该程序放入此文件夹内）。bin 文件夹是一个程序包，有各种程序。

3. 数据库下载

ftp://ftp.ncbi.nlm.nih.gov/blast/db/FASTA/，或在 NCBI 主页中点击“download”按钮，在新页面中点击“FTP：BLAST Databases”，寻找需要下载的数据库，然后下载（说明：nr.gz 为非冗余的数据库，nt.gz 为核酸数据库，month.nt.gz 为最近一个月的核酸序列数据）。为一致起见，只下载 month.nt.gz 数据库，并将该数据库放入 D：\ SWXX 内。

4. 数据库格式化

下载的 month.nt.gz 先用 winrar 解压缩（解压缩到当前文件夹），得到 month.nt（放到 D：\ SWXX \ bin 目录中）后用 formatdb.exe 对数据库进行格式化。

格式化过程如下。

（1）点击开始。

（2）在弹出的对话框中输入“cmd”，点击“确定”，进入 DOS 界面。

（3）在光标后，依次输入“d：”“cd SWXX”“cd bin”命令。

（4）进入 D：\ SWXX \ bin 目录后，输入“formatdb -i month.nt -p F -o T”命令，敲“回车”运行程序。

命令行说明如下。

-i input file 参数用于指定需要格式化的数据库；

-p type of file 用于指定文件类型，T 为蛋白质，F 为核酸，默认为 T；

-o parse options 用于指定是否解析序列 ID 并创建索引 T 为创建，F 为不创建，默认为 F。

5. 序列比对

（1）选取测试序列（FASTA 格式），如下。

①核酸序列

>Test
AGCTTTTCATTCTGACTGCAACGGGCAATATGTCTCTGTGTGGATTAAAAAAAGAGT
GTCTGATAGCAGCTTCTGAACTGGTTACCTGCCGTGAGTAAATTAAAATTTTATTGAC
TTAGGTCACTAAATACTTTAACCAATATAGGCATAGCGCACAGACAGATAAAAATTA

CAGAGTACACAACATCCATGAAACGCATTAGCACCACCATTACCACCACCATCACC
ATTACCACAGGTAACGGTGCGGGCTGACGCGTACAGGAAACACAGAAAAAAGCCC
GCACCTGACAGTGCGGGCTTTTTTTTCGACCAAAGGTAACGAGGTAACAACCATGC
GAGTGTTGAAGTTCGGCGGTACATCAGTGGCAAATGCAGAACGTTTTCTGCGTGTTG
CCGATATTCTGGAAAGCAATGCCAGGCAGGGGCAGGTGGCCACCGTCCTCTCTGCCC
CCGCCAAAATCACCAACCACCTGGTGGCGATGATTGAAAAAACCATTAGCGGCCAG
GATGCTTTACCCAATATCAGCGATGCCGAACGTATTTTTGCCGAACTTTT

②蛋白质序列

>MCHU-Calmodulin-Human, rabbit, bovine, rat, and chicken
ADQLTEEQIAEFKEAFSLFDKDGDGTITTKELGTVMRSLGQNPTEAELQDMINEVDAD
GNGTIDFPEFLTMMARKMKDTDSEEEIREAFRVFDKDGNGYISAAELRHVMTNLGEK
LTDEEVDEMIREADIDGDGQVNYEEFVQMMTAK

（2）将此段序列保存为 test. txt，置于程序目录下。

（3）在 MS-DOS 窗口下，使用 blastall -p blastn -d month. nt -i test. txt -o out. txt，即可在 out. txt 中得到相应的结果。注意使用正确文件路径。

-p program name 为需要使用的程序名；

-d database name 指定所使用的数据库名称；

-i input file 待搜索的序列文件；

-o output file 指定保存结果的文件。

（4）结果分析。

下面以一个 blastn 比对为例进行说明。

Query 序列（query. fasta）：

>gi | 45593933 | gb | AY551259. 1 | Oryza sativa precursor microRNA 319c gene

AGGAAGAGGAGCTCCTTTCGATCCAATTCAGGAGAGGAAGTGGTAGGATGCAG
CTGCCGATTCATGGATACCTCTGGAGTGCATGGCAGCAATGCTGTAGGCCTGCACTT
GCATGGGTTTGCATGACCCGGGAGATGAACCCACCATTGTCTTCCTCTATTGATTGG
ATTGAAGGGAGCTCCACATCTCT

>gi | 45593932 | gb | AY551258. 1 | Oryza sativa precursor microRNA 319b gene

CATATTCTTTTAATTTGATGGAAGAAGCGATCGATGGATGGAAGAGAGCGTCCT
TCAGTCCACTCATGGGCGGTGCTAGGGTCGAATTAGCTGCCGACTCATTCACCCACA
TGCCAAGCAAGAAACGCTTGAGATAGCGAAGCTTAGCAGATGAGTGAATGAAGCGG
GAGGTAACGTTCCGATCTCGCGCCGTCTTTGCTTGGACTGAAGGGTGCTCCCTCCTCC
TCGATCTCTTCGATCTAATTAAGCTACCTTGACAT

库文件 Database（db. seq，已经运行 formatdb-i db. seq-p F-o T 建库）：

>fake_seq

AGGAAGAGGAGCTCCTTTCGTTCCAATTCAGGAGAGGAAGTGGTAGGATGCAG
CTGCCGATTCATGGATACCTCTGGAGTGCATGCAGCAATGCTGTAGGCCTGCACTTG
CATGGGTTTGCATGACCCGGCGAGATGAACCCACCATTGTCTTCCTCTATTGATTGG
ATTGAAGGGAGCTCCACATCTCT

运行命令：

blastall-i query. fasta-d db. seq-o blast. out-p blastn

运行结果：

BLASTN 2. 2. 8 [Jan-05-2004]

（三）特殊 BLAST 程序分析

两个序列的 BLAST 比对，给定两个序列，相互进行 BLAST 比对。能快速检查两个序列是否存在相似性片断或者是否一致。这比起全序列比对要快很多。

两条序列之间的 BLAST 分析，具体步骤如下。

（1）先将如下两条序列进行 FASTA 格式处理。

CTGTGCGGATTCTTGTGGCTTTGGCCCTATCTTTTCTATGTCCAAGCTGTGCCCATCC
AA 和 CTGTGCGGATTCTTGTGGCTTTGGCCCTATCTTTTCTATGTCCAAGCTGTGCCC
ATCC 处理后为：

>123

CTGTGCGGATTCTTGTGGCTTTGGCCCTATCTTTTCTATGTCCAAGCTGTGCCCATCC
AA

>456

CTGTGCGGATTCTTGTGGCTTTGGCCCTATCTTTTCTATGTCCAAGCTGTGCCCATCC

（2）进入 BLAST 页面，选择合适的 BLAST 程序后，在页面中选中“Align two or more sequences”（图 4-7）。

（3）分别将上述 FASTA 格式化后的两条序列分别置入两个框内，点击“BLAST”按钮，进行比对分析。

（4）BLAST 结果与“General BLAST”一致。

（四）Megablast 分析

Megablast 采用了贪婪算法（Greedy algorithm），它连接了多个查询序列进行一次搜索比对（图 4-8），这样节省了很多搜索数据库的时间。可用于搜索近似完全的匹配，可以处理一批核苷酸查询，比标准 BLAST 查询速度快，是 NCBI 进行基因组 BLAST 查询时的默认程序。

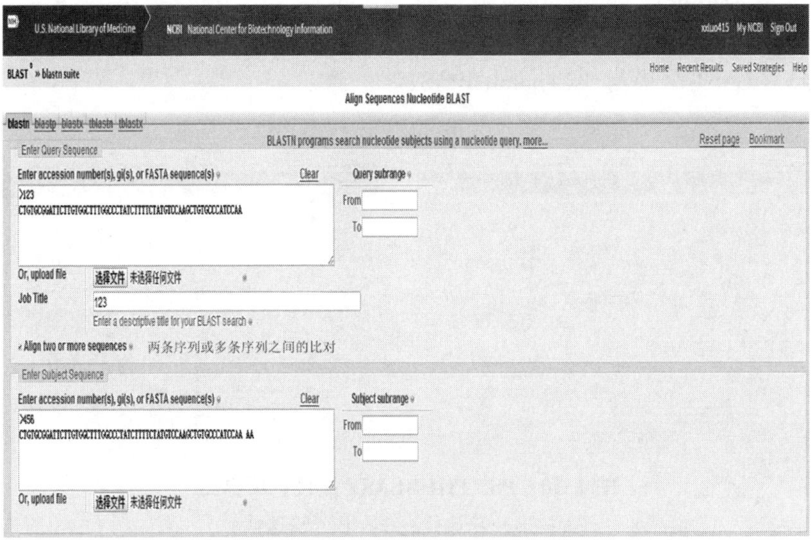

图 4-7　两条序列间 BLAST 分析界面

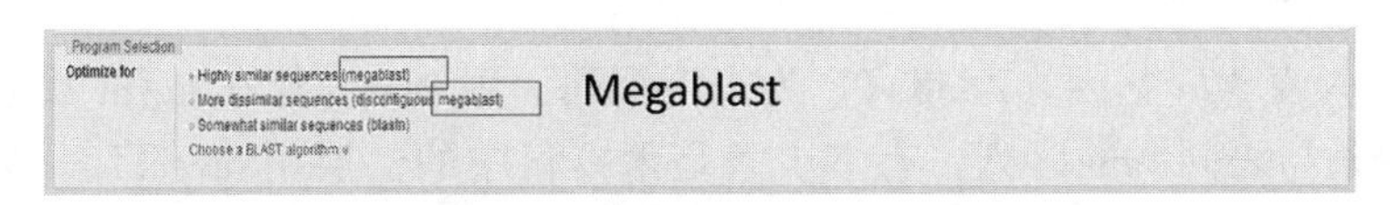

图 4-8　MegaBlast 分析界面

（五）PSI/PHI BLAST

PSI BLAST（Position Specific Iterated BLAST）是指位置特定的迭代 BLAST，其目的是搜索数据库，以找出与查询序列同一蛋白质家族的成员，揭示亲缘关系较远的蛋白质间的关系；PHI BLAST（Pattern Hit Initiated BLAST）是指模式发现迭代 BLAST，其目的是搜索数据库，以找出与查询序列同一蛋白质家族的成员，它仅适用于那些查询序列中含有的特殊模式的比对（图 4-9）。

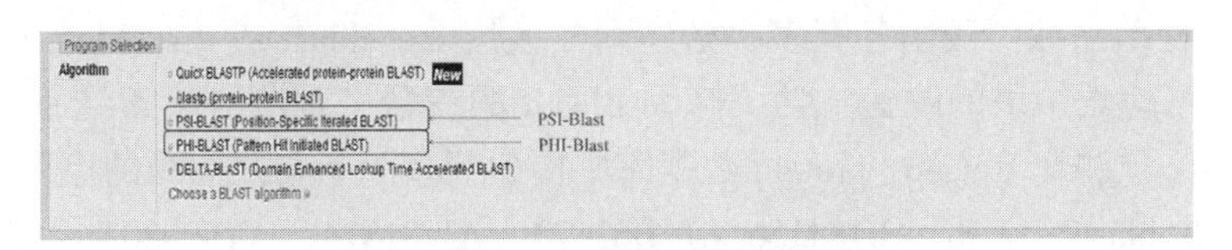

图 4-9　PSI/PHI BLAST 分析界面

具体步骤如下。

（1）进入 BLAST 页面，在页面中选择 Blastp 程序。

（2）将 FASTA 格式化后的序列置入序列框内，点击“PSI/PHI Blast”按钮，进行比对分析。

（3）进入一轮或多轮迭代分析界面（图 4-10）。

（4）BLAST 结果与“General BLAST”一致。

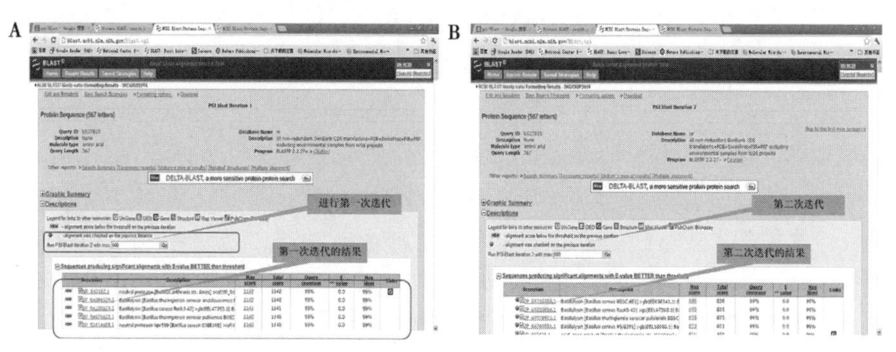

图 4-10　PSI/PHI BLAST 迭代选项界面

（A：第一轮迭代；B：第二轮迭代）

【作业】

1. 以大麦 *Mlo* 基因（Z83834）为查询序列，用 Blastn 能在 nr/nt 数据库中检索到多少条与之同源的序列？有多少条是禾本科中的？换用 megablast 或 discontiguous megablast，观察检索结果的改变。尝试修改 Blastn 的参数，观测对检索结果的影响。找出 *Mlo* 基因的编码蛋白序列，用 Blastp 检索到的与 Mlo 蛋白同源的序列与用 PSI-Blast 检索到的同源序列是否有差别？使用 BlastX 预测 *Mlo* 基因的编码蛋白。

2. 用 bl2seq（两条序列间的比对）分析大麦和小麦 *Mlo* 基因 mRNA 序列编码区和蛋白质产物的同源性。

3. 以大肠杆菌的胶原蛋白酶基因（名称为 *pHK*08_29）作为查询序列，用 Blastn 能在 nr/nt 数据库中检索到多少条与之同源的序列？其中大肠杆菌、弗累克斯讷氏杆菌、沙门氏菌各有多少条序列？换用 megablast 或 discontiguous megablast，观察检索结果的改变。尝试修改 Blastn 的参数，观测对检索结果的影响。使用 Blastx 预测在 Refseq_ protein 数据库中检索到多少条与之同源的序列？

4. 用 blast2 分析 AB184156 与 D63873、AJ781374、AY999803、AJ781373、AB249954、DQ345779、AY208912、FM202482、AF452714、EU812170、JN050256、KM285235、AF163115、AB867719、D85482 之间的相似性。

【参考文献】

Altschul S F, Gish W, Miller W, *et al.*, 1990. Basic local alignment search tool [J]. J Mol Biol, 215: 403-410.

Altschul S F, Madden T L, Schaffer A A, *et al.*, 1997. Gapped BLAST and PSI-BLAST: A new generation of protein database search programs [J]. Nucleic Acids Res, 25: 3389-3402.

Birney E, Clamp M, Durbin R, 2004. Gene Wise and Genomewise [J]. Genome Res, 14 (5): 988-995.

Guy St C S, Ewan B, 2005. Automated generation of heuristics for biological sequence comparison [J]. BMCBioinformatics, 31 (6): 1471-2105.

Higgins D C, Thompson J D, Gibson T J, 1996. Using CLUSTAL for multiple sequence alignments [J]. Methods Enzymol., 266: 383-402.

Higgins D G, Bleasby A J, Fuchs R, 1992. CLUSTAL V: improved software for mutiple sequence augnLe [J]. CABIOS, 8: 189-191.

Higgins D G, Sharp P M, 1988. CLUSTAL: a package for performing multiple sequence alignment on a microcomputer [J]. Gene, 73: 237-244.

Higgins D G, Sharp P M, 1989. Fast and sensitive multiple sequence alignments on a microcomputer [J]. CABIOS, 5: 151-153.

Jeanmougin F, Thompson J D, Gouy M, *et al.*, 1998. Multiple sequence alignment with Clustal X [J]. Trends BiochemSci, 23: 403-405.

Kent W J, Brumbaugh H, 2002. BLAT the BLAST-like alignment tool [J]. Genome Res, 12: 656-664.

Liliana F, George H, Zheng Z H, *et al*, 1998. A computer program for aligning a cDNA sequence with a genomic DNA sequence [J]. Genome Res, 8: 967-974.

Pearson W R, 1996. Efective protein sequence comparison [J]. In Meth. Enz., 266: 227-258.

Pearson W R, 1998. Empirical statistical estimates for sequence similarity searches [J]. J Mol Biol, 276: 71-84.

Pearson W R, 2000. Flexible sequence similarity searching with the FASTA3 program package [J]. Methods in Molecular Biology, 132: 185-219.

Pearson W R, Lipman D J, 1988. Improved tools for biological sequence analysis [J]. PNAS, 85: 2444-2448.

第五章　多序列对位排列——Clustal 分析

【概述】

多序列比对是指通过一定算法对一组（3 条或以上）核酸或蛋白质序列进行比对，尽可能地把相同的碱基或氨基酸残基排在同一列上来比较这组序列的异同。

在实际研究中，生物学家并不是仅仅分析单个蛋白质，而是更着重于研究蛋白质之间的关系，研究一个家族中的相关蛋白质，研究相关蛋白质序列中的保守区域，进而分析蛋白质的结构和功能。双序列比对往往不能满足这样的需要，难以发现多个序列的共性，必须同时比对多条同源序列。多序列比对还可用于一组同源蛋白质的比对分析，研究隐含在蛋白质序列中系统发育的关系，以便更好地理解这些蛋白质的进化。

通过序列的多重比对，可以得到一个序列家族的序列特征。当给定一个新序列时，根据序列特征，可以判断这个序列是否属于该家族。对于多序列比对，现有的大多数算法都基于渐进比对的思想，在序列两两比对的基础上逐步优化多序列比对的结果。进行多序列比对后，可以对比结果进行进一步处理，如构建序列的特征模式、将序列聚类构建分子进化树等。

进行多序列比对主要有 3 种评价模型，分别为 SP 模型、动态规划算法、星形比对算法和 Clustal W 算法。

SP（sum-of-pairs）模型是指逐对加和函数，具有如下特点：①函数形式简单，具有统一的形式，不随序列的个数而发生形式变化；②根据得分函数的意义，函数值应独立于各参数的顺序，即与待比较的序列先后次序无关；③对相同的或相似字符的比对，奖励的得分值高，而对于不相关的字符比对或空白，则进行惩罚（得分为负值）。SP 函数用于多重序列比对的评价有两种方法：①先计算多重比对结果的每一列字符的得分，然后将各列的和加起来，求整体多重比对得分；②先计算多重序列比对结果的两两比对得分，然后将其相加，求整体多重比对得分。

动态规划法对于 3 条序列的比对得分会形成三维立体空间，每一种可能的比对可用三维晶格中的一条路径表示，而每一维对应于一条序列；如果是多条序列的比对，得分形成的空间则是超晶格（Hyperlattice）。在计算 3 条序列比对当前节点的得分时，要依赖于与它相邻的 7 条边，分别对应于匹配、替换或引入空位等 3 种编辑操作，计算各操作的得分，并与相应的前趋节点的得分相加，选择一个得分最大的操作，并将得分存放于该节点。随着待比对的序列数目增加，计算量和所要求的计算空间猛增。对于 k 个序列的比对，动态规划算法需要处理 k 维空间里的每一个节点，计算量自然与晶格中的节点数成正比，而节点数等于各序列长度的乘积；另外，计算每个节点依赖于其前趋节点的个数为 2^k-1。因此，用动态规划方法计算多序列比对的最优得分的时间与空间复杂性太高，所以人们发展了该算法的多种变体，使得它们能够在合理的时间内找到优化比对。目前所用的算法大部分将序列多重比对转化为序列两两比对，逐渐将两两比对组合起来，最终形成完整的多序列比对。这种方式又称为渐进法。

星形比对算法是一种启发式方法，是由 Gusfield 首先提出的。星形比对的基本思想是：在给定的若干条序列中，选择一个核心序列，通过该序列与其他序列的两两比对，形成所有序列的多重比对 α，从而使得 α 在核心序列和任何一个其他序列方向的投影是最优的两两比对。

Clustal W 是一种渐进的多重序列比对方法，包括 3 个主要阶段：①先将多个序列进行两两比对，基于这些比对计算得到一个距离矩阵，该矩阵反映每对序列之间的关系；②根据距离矩阵计算产生系统发生树，对关系密切的序列进行加权；③从最紧密的两条序列开始，逐步引入邻近的序列并不断重新构建比对，直到所有序列都被加入为止。如果加入的序列较多，必须加入空位以适应序列的差异。

Clustal W 的程序可以自由使用，在任何主要的计算机平台上都可以运行。在美国国家生物技术信息中心 NCBI 的 FTP 服务器上可以找到下载的软件包，在欧洲生物信息学研究所 EBI 的主页还提供了基于 Web 的 Clustal W 服务，用户可以把序列和各种要求通过表单提交到服务器上，服务器把计算的结果用 Email 返回给用户。EBI 的 Clustal W 网址是：http：//www. ebi. ac. uk/clustalw/。Clustal W 对用户输入序列的格式和输出格式的选择比较灵活，可以是 FASTA 格式，也可以是其他格式。

【实验目的】

1. 掌握使用 Clustal 软件进行多序列比对的操作方法。
2. 掌握使用 Clustal-Treeview 软件构建系统发生树的操作方法。

【实验内容】

1. 熟悉构建分子系统发生树的基本过程，获得使用不同建树方法、建树材料和建树参数对建树结果影响的正确认识。
2. 掌握使用 Clustalx 软件进行序列多重比对的操作方法。

【实验仪器、设备及材料】

装有 Windows XP、Windows 2000 或 Windows 7 及以上操作系统的计算机。

【实验原理】

在现代分子进化研究中，根据现有生物基因或物种多样性来重建生物的进化史是一个非常重要的问题。一个可靠的系统发生的推断，将揭示出有关生物进化过程的顺序，有助于我们了解生物进化的历史和进化机制。进化分析首先要对所分析的多序列目标进行比对（Alignment）。Clustal X 软件能够实现多序列比对，是 Windows 界面下的多重序列比对软件，功能极其强大，主要包括 5 个方面的功能软件：① DNA 和蛋白质序列数据的分析软件；②序列数据转变成距离数据后，对距离数据分析的软件；③对基因频率和连续的元素分析的软件；④把序列的每个碱基/氨基酸独立看待（碱基/氨基酸只有 0 和 1 的状态）时，对序列进行分析的软件；⑤按照 DOLLO 简约性算法对序列进行分析的软件；⑥绘制和修改进化树的软件。

【实验步骤】

（一）Clustal X 分析

Clustal 是一个单机版的基于渐进比对的多序列比对工具，先将多个序列两两比对构建距离矩阵，反映序列之间两两关系；然后根据距离矩阵计算产生系统进化指导树，对关系密切的序列进行加权；然后从最紧密的两条序列开始，逐步引入临近的序列并不断重新构建比对，直到所有序列都被加入为止。由 Higgins D. G. 等开发，有应用于多种操作系统平台的版本，包括 Linux 版、DOS 版的 Clustal W、Clustal X 等。

具体操作步骤如下。

（1）以 FASTA 格式准备 8 个 DNA 序列 test. seq（或 txt）文件（图 5-1）。

（2）双击进入 Clustal X 程序（图 5-2），点 FILE 进入 LOAD SEQUENCE，打开 test. seq（或 txt）文件。

（3）点击 ALIGNMENT，在默认 alignment parameters 下，点击 Do complete Alignment 。在新出现的窗口中点击 ALIGN 进行比对，这时输出两个文件（默认输出文件格式为 Clustal 格式）：比对文件 test. aln 和引导树文件 test. dnd。

（4）Clustal 软件本身只能进行多序列比对分析，不能构建进化树，若要进行进化树的构建，可以利用 Treeview 软件将 Clustal 分析获得的引导树文件 test. dnd 打开，即可显示出进化树。下载安装 Tree-view 软件，打开软件，点击 OPEN，打开 “test. dnd”，8 条序列的进化树即可展示出来（图 5-3）。

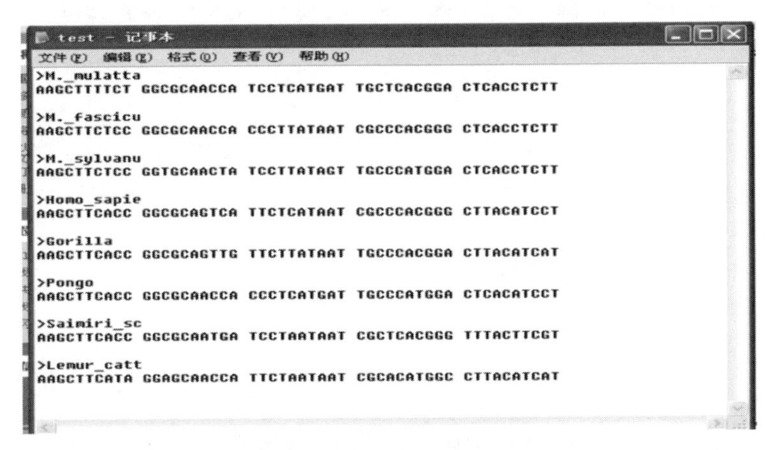

图 5-1　整理的 fasta 序列

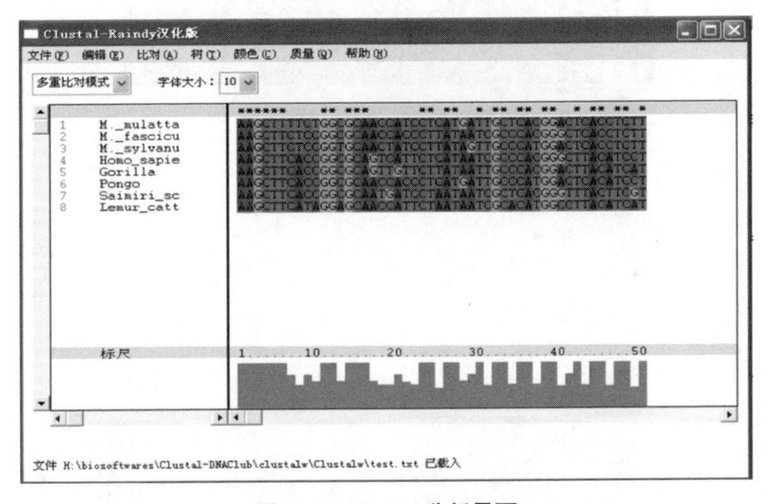

图 5-2　Clustal 分析界面

（二）Clustal Omega 分析

Clustal W 是使用最广泛的多序列比对程序，是目前公认的最好的进行 Multiple sequence alignment 的程序之一，Internet 上的许多网站提供 Clustal W 分析软件，分析序列的输入格式必须是 FASTA（Pearson）格式。

具体操作步骤如下。

（1）以 FASTA 格式准备 8 个 DNA 序列 test. fasta（或 txt）文件。

（2）登录 EBI 数据库（http：//www. ebi. ac. uk/），选择“services”项目中“By name（A-Z）”，进入 Services 界面，选择“Clustal Omega”选项，进入 Clustal Omega 界面（图 5-4）。

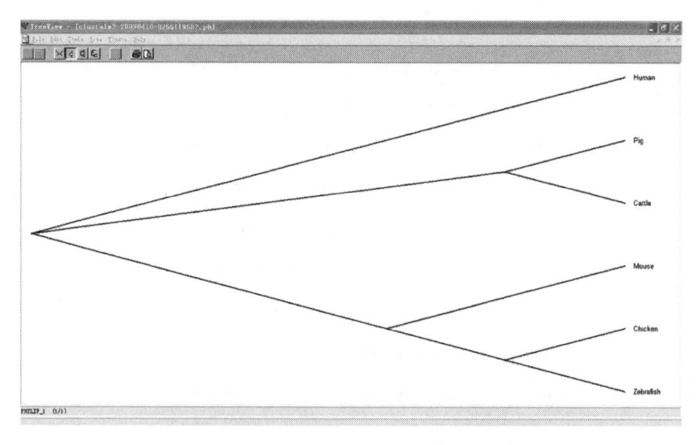

图 5-3　Tree-view 展示的进化树图

EMBL-EBI　Services　Research　Training　Industry　About us

Clustal Omega

Input form　Web services　Help & Documentation　Feedback　Share

Tools > Multiple Sequence Alignment > Clustal Omega

Multiple Sequence Alignment

Clustal Omega is a new multiple sequence alignment program that uses seeded guide trees and HMM profile-profile techniques to generate alignments between three or more sequences. For the alignment of two sequences please instead use our pairwise sequence alignment tools.

Important note: This tool can align up to 4000 sequences or a maximum file size of 4 MB.

STEP 1 - Enter your input sequences

Enter or paste a set of

PROTEIN　序列类型选项

sequences in any supported format:

输入序列

Or, upload a file:　上传fasta序列

STEP 2 - Set your parameters　设置参数

OUTPUT FORMAT　输出格式选项

Clustal w/o numbers

The default settings will fulfill the needs of most users.

More options... (Click here, if you want to view or change the default settings.) 其他格式选项

STEP 3 - Submit your job

Be notified by email (Tick this box if you want to be notified by email when the results are available)

Submit　提交

If you plan to use these services during a course please contact us.

Please read the FAQ before seeking help from our support staff.

图 5-4　Clustal Omega 分析的界面

（3）将整理的 fasta 序列粘贴进序列框或通过“选择文件”选项上传整理好的 test. fasta（或 txt）文件，设置参数，然后提交，获得 Clustal Omega 分析结果界面（图 5-5）。

（4）结果选项包括比对结果（Alignments）（图 5-5）、结果汇总（Result Summary）、进化树（Phylogenetic Tree）、提交细节（Submission Details）、下载比对文件（Download Alignment File）、发送简单进化树（Send Simple _ Phylogeny）。若要查看进化树，可以点击进化树（Phylogenetic Tree）选项，结果如图 5-6 所示。

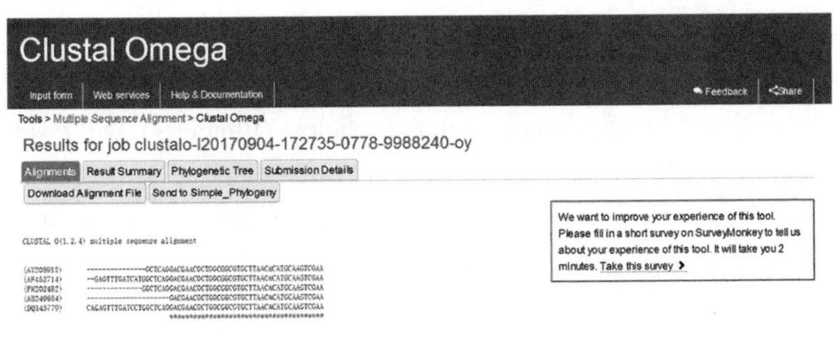

图 5-5 Clustal Omega 分析的结果

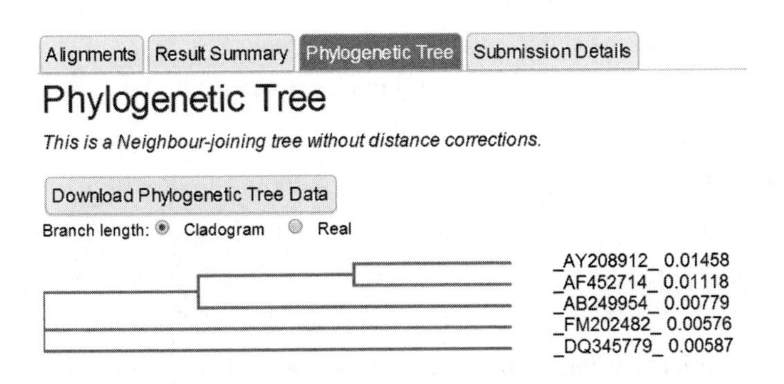

图 5-6 Clustal Omega 分析序列构建的进化树

【作业】

1. 利用 Clustal X - Tree view 工具分析 AF547209、AJ831843、AF483625、AB021181、KJ868191、AE017333、JH600280、AJ831841、AM747812、KF986320 之间的同源性，并构建进化树。

2. 利用在线 Clustal Omega 工具分析 X97883、AY036000、X97882、X97888、AJ539401、AY336513、AJ290448、AF195412、AY373031 之间的同源性，并构建进化树，并说明各个序列间相似性的大小。

3. 请分析天蓝色链霉菌、吸水链霉菌、变铅青链霉菌、白色链霉菌中 Ectoine synthase 基因间的同源性。

【参考文献】

Bao H，Guo H，Wang J，*et al.*，2009. MapView：visualization of short reads alignment on a desktop computer [J]. Bioinformatics，25 (12)：1554-1555.

Chen L，Wu G，Ji H，2001. HmChIP：a database and web server for exploring publicly available human and mouse ChIP - seq and ChIP - chip data [J].

Bioinformatics, 27 (10): 1447-1448.

Cock P J, Fields C J, Goto N, *et al.*, 2010. The Sanger FASTQ file format for sequences with quality scores, and the Solexa/Illumina FASTQ variants [J]. Nucleic Acids Res, 38 (6): 1767-1771.

Fu C H, Chen Y W, Hsiao Y Y, *et al.*, 2011. OrchidBase: a collection of sequences of the transcriptome derived from orchids [J]. Plant Cell Physiol, 52 (2): 238-243.

Hong D, Park S S, Ju Y S, *et al.*, 2011. TIARA: a database for accurate analysis of multiple personalgenomes based on cross-technology [J]. Nucleic Acids Res, 39 (Database issue): D883-D888.

Kiran A, Baranov P V, 2010. DARNED: a DAtabase of RNa EDiting in humans [J]. Bioinformatics, 26 (14): 1772-1776.

Langmead B, Trapnell C, Pop M, *et al.*, 2009. Ultrafast and memory-efficient alignment of short DNA sequences to the human genome [J]. Genome Biol, 10 (3): R25.

Li H, Ruan J, Durbin R, 2008. Mapping short DNA sequencing reads and calling variants using mapping quality scores [J]. Genome Res, 18 (11): 1851-1858.

Shumway M, Cochrane G, Sugawara H, 2010. Archiving next generation sequencing data [J]. Nucleic Acids Res, 38 (Database issue): D870-D871.

Yang J H, Li J H, Shao P, *et al.*, 2011. StarBase: a database for exploring microRNA-mRNA interaction maps from Argonaute CLIP-Seq and Degradome-Seq data [J]. Nucleic Acids Res, 39 (Database issue): D202-D209.

Yu C, Wu W, Wang J, *et al.*, 2018. NGS-FC: a next-generation sequencing data format converter [J]. IEEE/ACM Transactions on Computational Biology and Bioinformatics, 15: 1683-1691.

Zhang W, Chen J, Yang Y, *et al.*, 2011. A practical comparison of de novo genome assembly software tools for next-generation sequencing technologies [J]. PLoS One, 6 (3): e17915.

Zhang Y, Guan D G, Yang J H, *et al.*, 2010. NcRNA imprint: a comprehensive database of mammalian imprinted noncoding RNAs [J]. RNA, 16 (10): 1889-1901.

第六章　分子进化分析——系统进化树的构建

【概述】

对有机体分子机制相似性的研究充分说明，地球上的所有有机体均来自同一祖先，因此，任意物种都相关，这种关系称为系统发育（Phylogeny）。通常这种关系用系统发育树（Phylogenetic tree）表示。系统发育学的任务就是从对现存有机体的观测出发推断系统发育树。传统上，人们用形态学特征（来自活的有机体或化石）推断系统发育关系。Zuckerkandel 和 Pauling（1962）指出，分子序列能够提供许多富含信息的特征。因此如果有来自不同物种的一组序列，我们就能根据它们推断出所讨论物种间可能的系统发育关系，推测这些序列都从一个共同祖先物种的某个共同祖先基因演化而来。

基因复制（Gene duplication）的普遍发生意味着我们需要仔细检查上述假设，一组序列的系统发育树未必真实地反映它们所属物种间的系统发育关系，因为基因复制与物种分化有不同的机制，这两种机制都可使两条序列从共同祖先分化并分离。由于物种分化而分开的基因称为直系同源基因（Orthologue），由基因复制作用分化而来的基因称作旁系同源基因（Paralogue）。如果有兴趣推断带这些基因物种的系统发育树，那么我们必须使用直系同源序列。当然，我们可能对复制事件的系统发育关系也感兴趣，此时就应当建立旁系同源基因的系统发育关系，即使这些旁系同源基因属于同一物种。图 6-1 给出了旁系同源基因和直系同源基因间的区别。

根据序列差异构建系统发育树通常采用 3 种方法：距离法、最大简约法和极大似然法。相同的数据使用不同方法可能构建出不同的系统发育树，因而采用哪种方法，需要具体问题具体分析。无论采用哪种方法，首先要进行多序列比对，比对结果的好坏会影响最终形成的系统发育树。在实际的系统发育分析中，我们主要使用一些免费或商业软件，典型的如 PHYLIP、PAUP 和 MEGA 等，每一种软件都提供了多种不同的分析方法，每一种软件都在不断完善。表 6-1 列出了常用的系统发育分析软件及相关网站。

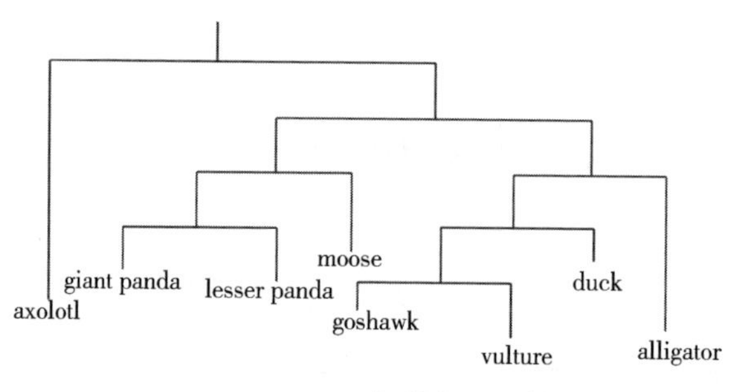

Haemoglobins 直系同源基因树

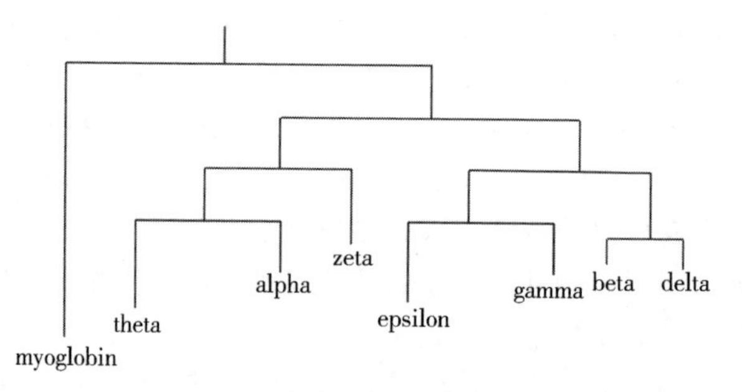

Haemoglobins 旁系同源基因树

图 6-1 直系同源基因树和旁系同源基因树

表 6-1 常用的系统发育分析软件及相关网站

名称	网址	说明
PHYLIP	http: //evolution. genetics. washington.edu/phylip.html	美国华盛顿大学 Felsenstein 开发，免费软件，通用的系统发育分析软件
PAUP	http: //paup.csit.fsu.edu/	美国 Simthsonion institute 开发，商业软件，通用的系统发育分析软件
MEGA	http: //www.megasoftware.net/	通用的免费分子发育分析软件
MOLPHY	ftp: //ftp.sunmh ism ac.jpl pub/molphy	日本国立统计数理研究所开发，基于极大似然法的系统发育分析软件
PAML	http: //abacus. gene. ucl. ac. uk/software/paml.html	英国 University College London 开发，基于极大似然法的系统发育分析软件
TreeView	http: //taxonomy. zoology. gla. ac. uk/rod/treeview.html	英国 U Glasgow 大学开发画树软件
Tree of Life	http: //tolweb.org/tree/	系统发育和生物多样性综合网站
RDP	http: //rdp.cme.msu.edu/	基于 rRNA 的系统发育分析网站

【实验目的】

1. 理解系统发育分析的基本原理。
2. 学会使用 MEGA 软件包构建系统发育树。

【实验内容】

MEGA 是一个关于序列分析以及比较统计的工具包，目前最新版本是 MEGA X，其中包括有距离建树法和 MP 建树法，可自动或手动进行多序列比对，推断进化树，估算分子进化率，进行进化假设测验，还能进行联机的 Web 数据库检索。MEGA X 下载安装后可直接使用，主要包括几个方面的功能软件：① DNA 和蛋白质序列数据的分析软件；②序列数据转变成距离数据后，对距离数据分析的软件；③对基因频率和连续的元素分析的软件；④把序列的每个碱基/氨基酸独立看待（碱基/氨基酸只有 0 和 1 的状态）时，对序列进行分析的软件；⑤绘制和修改进化树的软件，进行网上 blast 搜索。

构建进化树（Phylogenetic tree）的算法主要分为两类：独立元素法（Discrete character methods）和距离依靠法（Distance methods）。所谓独立元素法是指进化树的拓扑形状是由序列上的每个碱基/氨基酸的状态决定的（例如，一个序列上可能包含很多酶切位点，而每个酶切位点的存在与否是由几个碱基的状态决定的，即一个序列碱基的状态决定着它的酶切位点状态，当多个序列进行进化树分析时，进化树的拓扑形状也就由这些碱基的状态决定）。而距离依靠法是指进化树的拓扑形状由两两序列的进化距离决定的。进化树枝条的长度代表着进化距离。独立元素法包括最大简约性法（Maximum parsimony methods）和最大似然法（Maximum likelihood methods）；距离依靠法包括除权配对法（UPGMAM）和邻位相连法（Neighbor-joining）。

利用 Mega 软件构建完进化树后还需要对进化树进行评估，主要采用 Bootstraping 法。进化树的构建是一个统计学问题，我们所构建出来的进化树只是对真实的进化关系的评估或模拟。如果我们采用了一个适当的方法，那么所构建的进化树就会接近真实的“进化树”。模拟的进化树需要一种数学方法来对其进行评估。不同的算法有不同的适用目标。一般来说，最大简约性法适用于符合以下条件的多序列：①所要比较的序列的碱基差别小；②对于序列上的每一个碱基有近似相等的变异率；③没有过多的颠换/转换的倾向；④所检验的序列的碱基数目较多（大于几千个碱基）；用最大可能性法分析序列则不需以上的诸多条件，但是此种方法计算极其耗时。如果分析的序列较多，有可能要花上几天的时间才能计算完毕。UPGMAM（Unweighted pair group method with arithmetic mean）假设在进化过程中所有核苷酸/氨基酸都有相同的变异率，即存在着一个分子钟。这种算法得到的进化树相对来说不是很准确，现在已经很少使用。邻位相连法是一个经常被使用的算法，它构建的进化树相对准确，而且计算快捷。其缺点是序列上的所有位点都被同等对待，所分析的序列的进化距离也不能太大。另外，需要特别指出的是，对于一些特定多序列对象来说，可能没有任何一个现存算法非常适合它。

【实验仪器、设备及材料】

装有 Windows XP、Windows 2000 或 Windows 7 及以上操作系统的计算机。

【实验原理】

系统发生树（英文：Phylogenetic tree）又称为演化树（Evolutionary tree），是表明被认为具有共同祖先的各物种间演化关系的树，是一种亲缘分支分类方法（Cladogram）。在树中，每个节点代表其各分支的最近共同祖先，而节点间的线段长度对应演化距离（如估计的演化时间）。

【实验步骤】

1. NCBI 中选择 Protein 数据库，搜索 PD-1 相关蛋白（图 6-2）。

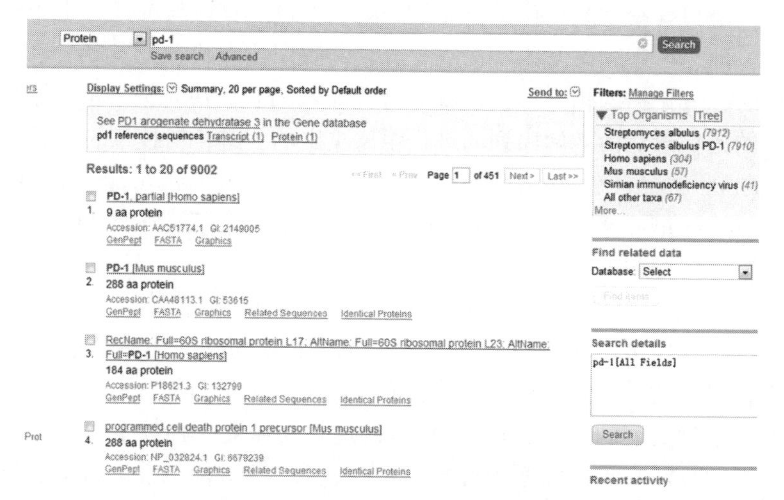

图 6-2　NCBI 下载相关蛋白界面

2. 选择几条感兴趣的蛋白，在 Send to 选项中选择 File-FASTA 格式。也可以将各自下载的各条序列整理成 fasta 格式，保存后将文件格式修改成 *.fasta。

3. 下载安装 MEGAX，刚刚下载的 FASTA 文件变为可读，双击用 MEGAX 打开。

4. 展开左图得到图 6-3，至此蛋白序列成功输入 MEGA。

5. 选择菜单栏上 Alignment-Align by Clustal W（选择 **W** 或者 ）进行蛋白序列比对。当需要比对的序列较少或序列较短时，可以选择“**W**”进行比

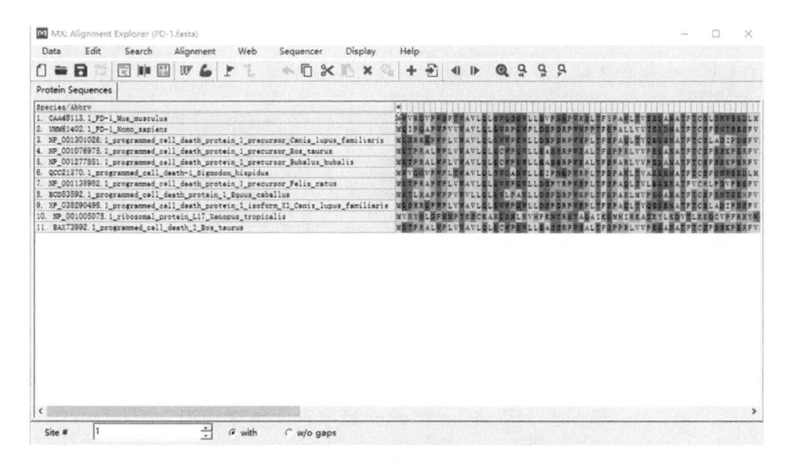

图 6-3　用 Mega 软件打开 *. fasta 序列

对；当需要比对的序列较多或序列较长时，建议选择“ ”进行比对（图 6-4、图 6-5）。

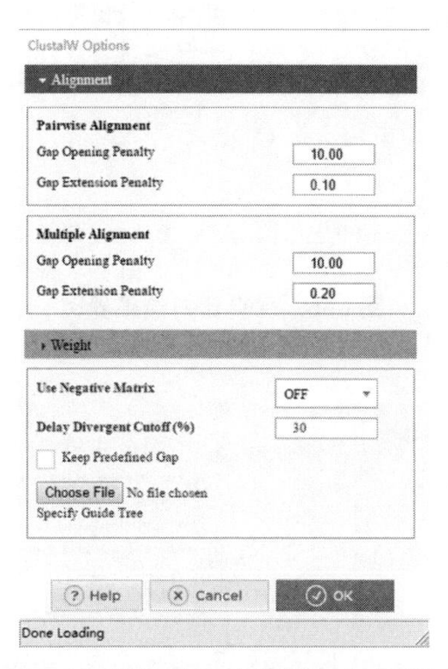

图 6-4　用 Mega 软件对序列进行比对时参数设置界面

6. 得到比对后结果，菜单栏-Data-Export Alignment 输出比对结果（图 6-6），得到 MEGA X 源文件，接下来就可以进行进化树绘制。

7. 返回主程序界面，打开保存的“*.meg”文件，在菜单栏选择 Phylogeny-第二个选项 Neighbor-joining，选择刚刚输出的数据，在个性化界面按需要自行调整，最后得到所需进化树（图 6-7）。

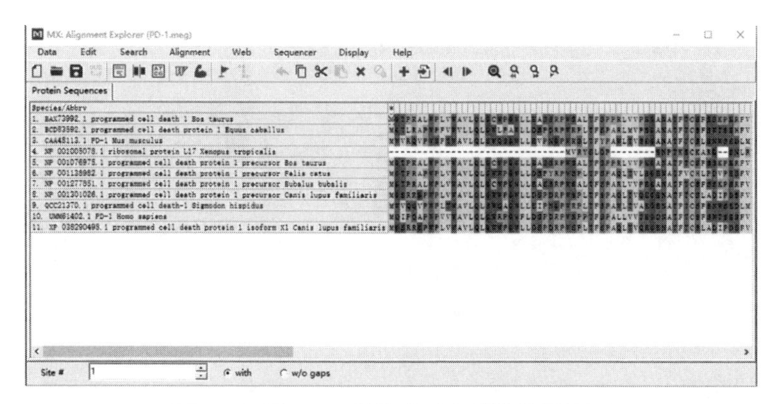

图 6-5　用 Mega 软件比对序列的结果界面

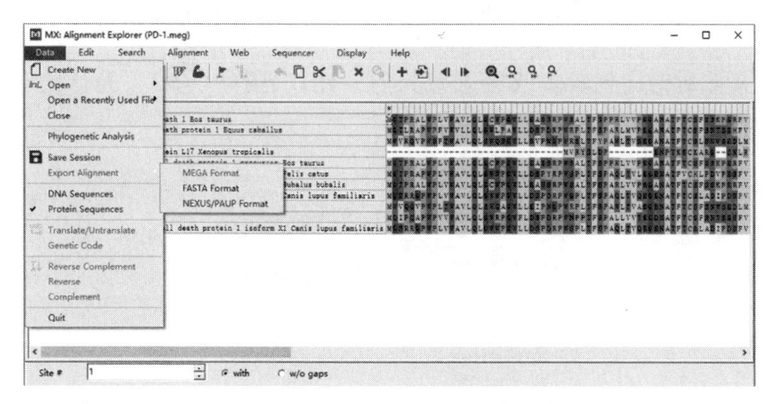

图 6-6　保存比对结果界面

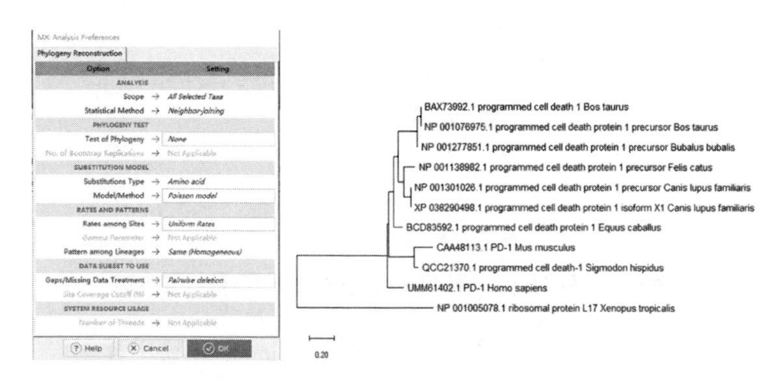

图 6-7　利用 Mega 构建的参数设置界面（左）和进化树结果（右）

8. 对构建的进化树进行评估。返回主程序界面，打开保存的“＊.meg”文件，在菜单栏选择 Phylogeny-第二个选项 Neighbor-joining，选择刚刚输出的数据，在个性化界面按需要选择评估方法，常用的是 bootstrap 法，最后得到经过评估的进化树（图 6-8）。

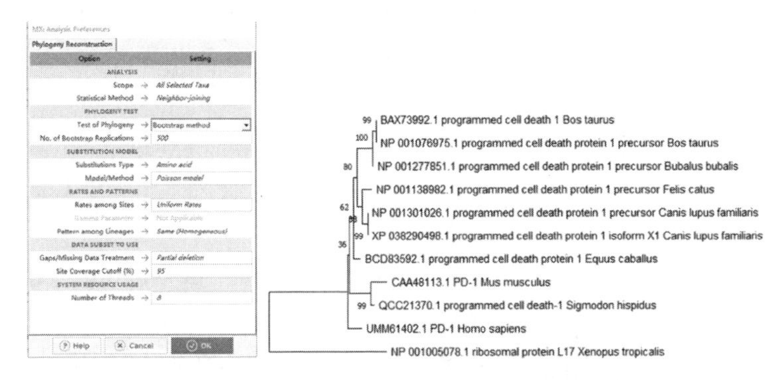

图 6-8　利用 Mega 构建的经过评估的进化树

【作业】

1. 利用 MEGA X 工具分析 AJ542506、AJ542509、AJ542513、AJ542512、AB245377、HQ234283、AF221061、DQ371431、HM035089、HM355606、AJ542508、X60616、EU652096、AY904032、GQ292772、GQ927158、DQ280367、EU603328、X60611、NR040792、AF547209、AJ250318 间的同源性，并构建进化树。

2. 请分析枯草芽孢杆菌、蜡样芽孢杆菌、球形芽孢杆菌、苏云金芽孢杆菌中 Trehalose synthase 基因间的同源性。

3. 在基因重组人胰岛素面市之前，糖尿病患者所需胰岛素主要来自屠宰场的动物胰脏。请分析来源于猪、牛、羊、马、鸡和兔的胰岛素哪一种最适于人使用，说明理由。

【参考文献】

Kumar S, Stecher G, Li M, *et al.*, 2018. MEGA X: molecular Evolutionary Genetics Analysis across computing platforms [J]. Mol Biol Evol, 35 (6): 1547-1549.

Kumar S, Tamura K, Jakobsen I, *et al.*, 2001. MEGA2: molecular evolutionary genetics analysis software [J]. Bioinformatics, 17 (12): 1244-1245.

Kumar S, Tamura K, Nei M, 2004. MEGA3: integrated software for Molecular Evolutionary Genetics Analysis and sequence alignment [J]. Brief Bioinform., 5 (2): 150-163.

Liu L, Tamura K, Sanderford M D, *et al.*, 2016. A molecular evolutionary reference or the human variome [J]. Mol Biol Evol, 33 (1): 245-254.

Meredith R W, Janečka J E, Gatesy J, *et al.*, 2011. Impacts of the cretaceous terrestrial revolution and KPg extinction on mammal diversification [J]. Science, 334 (6055): 521-524.

Miura S, Tamura K, Tao Q, *et al.*, 2018. A new method for inferring timetrees from temporally sampled molecular sequences [J]. PLoS Comput Biol, 16: 24.

Patel R, Kumar S, 2018. On estimating evolutionary probabilities of population variants [J]. BMC Evol Biol.

Patel R, Scheinfeldt L B, Sanderford M D, *et al.*, 2018. Adaptive landscape of protein variation in human exomes [J]. Mol Biol Evol, 35 (8): 2015-2025.

Stecher G, Tamura K, Kumar S, 2020. Molecular Evolutionary Genetics Analysis (MEGA) for macOS [J]. Mol Biol Evol, 37 (4): 1237-1239.

Tamura K, Peterson D, Peterson N, *et al.*, 2011. MEGA5: molecular evolutionary genetic analysis using maximum likelihood, evolutionary distance, and maximum parsimony methods [J]. Mol Biol Evol. , 28 (10): 2731-2739.

Tamura K, Stecher G, Peterson D, *et al.*, 2013. MEGA6: molecular evolutionary genetics analysis version 6.0 [J]. Mol Biol Evol, 30 (12): 2725-2729.

Tao Q, Tamura K, Battistuzzi F, *et al.*, 2019. A machine learning method for detecting autocorrelation of evolutionary rates in large phylogenies [J]. Mol Biol Evol, 36 (4): 811-824.

Tao Q, Tamura K, Mello B, *et al.*, 2020. Reliable confidence intervals for RelTime estimates of evolutionary divergence times [J]. Mol Biol Evol, 37 (1): 280-290.

第七章　基因预测

【概述】

随着人类基因组计划的完成，测序质量的提高以及测序成本的降低，越来越多的物种也开始进行基因组测序，大量的 DNA 序列被储存在数据库中，科学家几乎不可能通过对活细胞或生物体进行传统的实验来揭示所有 DNA 序列的功能，那么如何去解读这些序列信息呢？生物信息技术的发展，使得人们可以对基因组全序列开展大规模数据挖掘和分析方面的工作，人们可以通过生物信息软件预测基因组中可能存在的基因，预测这些基因可能具有的功能。

首先必须强调的是，原核生物和真核生物基因组中的基因注释所涉及的问题是不同的。在原核生物中，基因密度很高（即只有很少的基因间 DNA），并且绝大多数基因不含内含子。在真核生物中，基因密度下降，并且由于物种自身复杂度的增高，使基因复杂度也增高。例如，酵母（*Saccharomyces cerevisiae*）基因组约 70%是由基因组成，这些基因中的大多数不含内含子，大约 5%的酵母基因含有单一的内含子。而果蝇（*Drosophila*）基因组只有 25%是由基因组成，大约 20%的基因没有内含子，大多数基因有 1～4 个内含子。在哺乳动物和高等植物中，基因密度下降到 1%～3%。在人类基因组中，仅 6%的基因没有内含子，大部分基因分别有 1～12 个内含子，而有些基因甚至含有 50 个以上的内含子，外显子的长度一般为 150 bp，而内含子长度很可能在 1～5 kb 范围内。因此，在高等真核生物基因组中寻找基因一般是比较困难的。

预测基因的方法通常是将待预测核酸序列通过翻译得到 6 条开放阅读框后（Open reading frame，ORF），下一步要确定哪个是正确的阅读框，通常我们选择中间没有被终止密码子（TGA、TAA 或 TAG）隔开的最大读码框作为正确结果。ORF 的结尾比它的起始容易判断。一般编码序列的起始位点是蛋氨酸的密码子 ATG，但蛋氨酸在编码序列内部也经常出现，即 ATG 并不一定是 ORF 的起始标志。因此，有必要应用其他方法找到 5′ 端非编码区的末端。幸运的是，确实有一些规律可以帮助我们在 DNA 中找到蛋白质编码区，随机出现较长 ORF 的概率很小。识别边缘处的 Kozak 序列对确定编码区的起始位点也有一定帮助。而且，密码子在编码区和非编码区有不同的统计规律。尤其是一些特殊氨基酸在不同物种中密码子的使用情况有很大区别，偏爱密码子的规律在非编码区体现不出来。因此，偏爱密码子的统计分析有助于推测 5′及 3′ 非编码区，并对发现错误翻译也有所帮助，因为在错误翻译中不常用的密码子会大量出现。

对于任何给定的核酸序列，根据密码子的起始位置，可以按照3种方式进行解释。例如，对于序列AGGTOCGATCTG，一种可能的密码子阅读顺序为AGG、TCC、GAT、CTG，另外两种可能的密码子阅读顺序分别为A、GGT、COG、ATC、TG和AG、GTC、CGA、TCT、G。这3种阅读顺序称为阅读框（Open reading frame，ORF）。可以用最长ORF方法识别原核基因。原核基因结构相对简单，其基因识别任务的重点是识别可读框，或者说是识别长的编码区域。辨别序列是编码区域或是非编码区域的一种方法，是检查终止密码子的出现频率。由于一共有64个密码子，其中3个是终止密码子，因此，如果一条核酸序列是均匀随机分步的，那么终止密码子出现的期望次数即为每21（≈64/3）个密码子出现1个终止密码子。每个编码区域只存在1个终止密码子，该密码子作为编码区域的结束标志。也就是说，如果找到一个比较长的序列，其相应的密码子序列不含终止密码子，那么这段序列可能就是编码区域，当遇到终止密码子以后，回头寻找起始密码子，以确定完整的编码区域。

大部分早期的DNA序列数据来自于线粒体或细菌基因组，最早的基因识别方法就是针对这类序列数据发展而来的。算法很简单，如果它能够发现较长的ORF，并使用长度阈值，则该算法将检测到大多数基因，并且具有很好的特异性。但是这种算法比较简单，不适合处理短的ORF或交叠的ORF。真核DNA序列中基因的识别是一个复杂的问题，一种方法是首先通过统计分析预测编码区域，挑选出候选的外显子，然后利用动态规划算法构建最优的基因结构，这个最优的基因结构被定义为与一个外显子一致的链。然而，直接运用这种方法会遇到概念上和计算上的困难。每一个候选基因由许多统计参数来描述，但还不清楚如何将这些统计参数组合到一个打分函数中。这个问题在一定程度上可以用神经网络来解决，运用神经网络为每个候选的外显子打分，或将神经网络与动态规划算法相结合，从而构建最优基因结构。然而标准的动态规划仅考虑具有加和性的打分，许多序列分析表明用非线性的函数有时会得到更好的效果，矢量动态规划方法可以构建非线性函数，矢量动态规划可以确保其中包含满足自然单调条件的函数所对应的最优基因。

【实验目的】

1. 理解基因组注释及基因预测的主要目的。

2. 学习使用当前常用的基因及其产物的功能注释体系和工具，以及在此基础上发展起来的基因集功能富集分析、基因产物功能预测等方法。

【实验内容】

在构建基因结构预测模型时，一些主要问题是值得注意的：①对真核生物序列，遮蔽重复序列应先于其他分析过程；②大多程序都有特定生物物种适用性；③许多程序只能特定适用于基因组 DNA 数据或只适用于 cDNA 的数据；④序列的长度也是一个重要因素。

（1）把未知核酸序列作为查询序列，在数据库中搜索与之相似的已有序列是序列分析预测的有效手段，在上一节中已经专门介绍了序列比对和搜索的原理和技术。但值得注意的是，由相似性分析作出的结论可能导致错误的流传；有一定比例的序列很难在数据库中找到合适的同源伙伴。对于 EST 序列而言，序列搜索将是非常有效的预测手段。本实验通过使用 blastx 和 blastn 在线软件学习如何利用相似性搜索进行基因预测。

（2）目前有很多比较成熟的基因预测软件，如 ORF finder、GeneBank 检索、GenScan、Glimmer、Genemark、Genebuilder。本实验通过使用这些软件学习如何进行基因预测及基因预测背后的原理知识。

【实验仪器、设备及材料】

装有 Windows XP、Windows 2000 或 Windows 7 及以上操作系统的计算机。

【实验原理】

生物学家开始研究基因结构主要是在实验的基础上进行的：构建 cDNA 文库、PCR 扩增、Northern blot 和测序等。随着全基因组测序计划的实现，大量的基因组 DNA 序列产生，但对基因的注释远落后于基因测序。因此，应用计算机程序从 DNA 序列中寻找基因（尤其是那些编码蛋白质的基因），成为研究人员考虑的重要问题。

一旦获得一个基因组序列，除了将这段序列通过数据库相似性和同源性比较，还可以计算 DNA 的碱基组成，分析密码子的偏好性，简单重复序列，寻找 DNA 的特殊位点或信号，以及鉴定 DNA 的编码区。用外显子-内含子结构和每个预测基因的位置信息，以及基于数据库搜索的任何功能信息来注释基因组 DNA 序列。随后可以鉴别最可能的蛋白质编码区。

（1）同源比较算法：① Smith-Waterman 算法，它是将一条序列代替另一条序列所需的“最小代价”（Weight）；② FASTA 算法，是用来进行 DNA/DNA、DNA/蛋白质（将 DNA 按 6 个 ORFs 翻译成氨基酸序列，再与蛋白质比较）和蛋白质/蛋白质的同源比较。

（2）隐马尔可夫模型（Hidden Markov Model，HMM）：它将 DNA 看成是一

个随机过程，根据编码和非编码的DNA序列在核苷酸选用频率上的不同而自动寻找出其内部隐藏的规律。

（3）动态规划法：用来将预测的各个可能外显子和内含子拼接成完整的基因，这种算法将各种可能的拼接进行记分，从而得出最可能的基因结构。

（4）神经网络预测方法：该法是使用一个训练数集来训练神经网络，使其达到局部极小，然后，神经网络去掉这些最小权重，将最低预测值加到整体预测值上，经过数据修剪后，再次训练神经网络使其达到局部极小，这个过程不断被重复，直至达到规定的误差值，最后给出一个预测结果。

除了以上几种外，目前用于基因预测的算法还很多，如基因结构的线性判别式分析和概率模型等。不过大多数算法都是基于已知基因顺序，所以需要深入研究，寻找基因不同的内在规律。但目前最为流行的预测模型是HMM改进后的广义隐马尔科夫模型（GHMM）。GHMM比HMM的模型框架更具有良好的可扩展性。HMM和GHMM为模型而发展的计算机识别软件：第一代基因识别软件（GENMARK、GeneID和GRAIL Ⅱ等）采用的方法包括神经网络、隐Markov模型等。但是它们通常假定序列中正好包含一个完整的基因，因而预测的正确率不高。第二代基因识别软件：包括GenScan、HMMGene、FFG、GeneMark. hmm等，它们一般不需要假设序列中正好包含一个完整的基因，而且其预测正确率也有大幅提高。它们的模型框架基本上都是采用的广义隐Markov模型，是对GHMM在简化方法和子模型的构建方法上存在不同。

【实验步骤】

（一）利用ORF Finder软件预测基因

（1）进入NCBI界面，选择“Analyze”，选择“Open Reading Frame Finder（ORF Finder）”，进入ORF Finder的分析界面，如图7-1所示。“From”和“To”可以限定所要分析的序列的位置；“Minimal ORF length（nt）”最小ORF的长度；“Genetic code”遗传密码子的选项，可以根据所要分析序列的特征对密码子的偏好性进行选择；“ORF start codon to use”ORF中起始密码子的选择，可以选择ATG或其他ATG；“Ignore nested ORFs”是否忽略一些重叠的ORF。

（2）提交序列。

（3）结果分析：如图7-2所示，通过ORF Finder软件所分析的序列共预测出81个ORF，密码子为标准密码子，起始密码子为ATG；选择的ORF20共计794个氨基酸；以ORF20为例：ORF20位于正义链上，起始于11 288位核苷酸，终止于13 672位核苷酸，共计2 385 nt，794个氨基酸。

（二）利用GenBank检索的方法预测基因

以序列“U29659”为例，进入GenBank界面，输入“U29659”，在

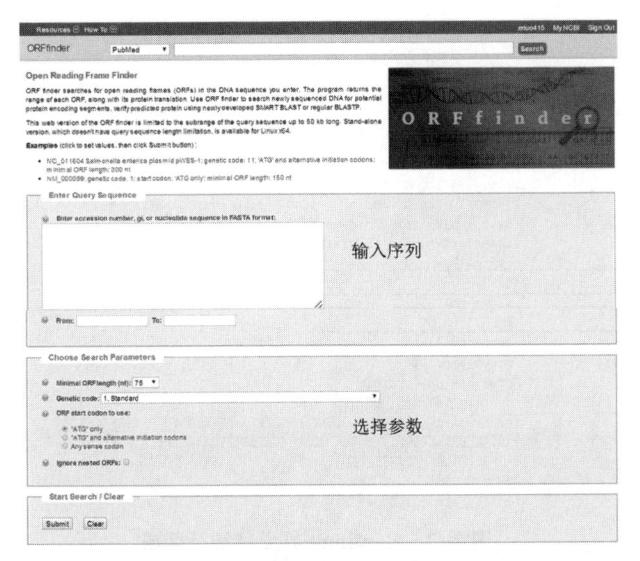

图 7-1 ORF Finder 工作界面

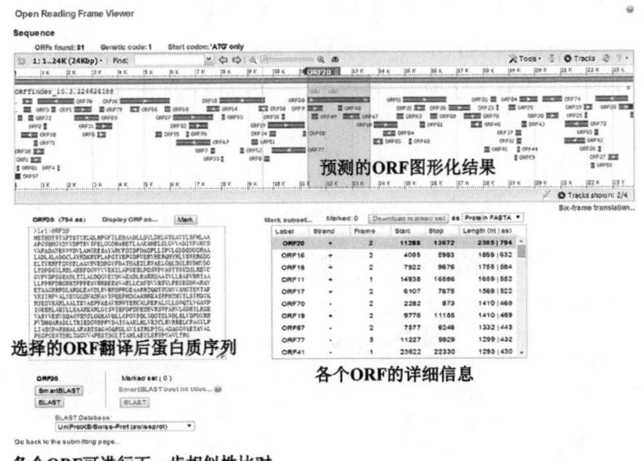

图 7-2 ORF Finder 结果界面

GenBank 界面的特征行区域（图 7-3）可以看到所分析的序列“U29659”中基因个数为 1 个，位置位于（1～378）bp，CDS 个数为一个，位置位于（1～378）bp。

（三）利用相似性搜索进行基因预测

1. 利用 blastx 工具进行基因预测

以序列“Z83834”为例，进入 Blast 分析界面（图 7-4），选择 blastx，上传

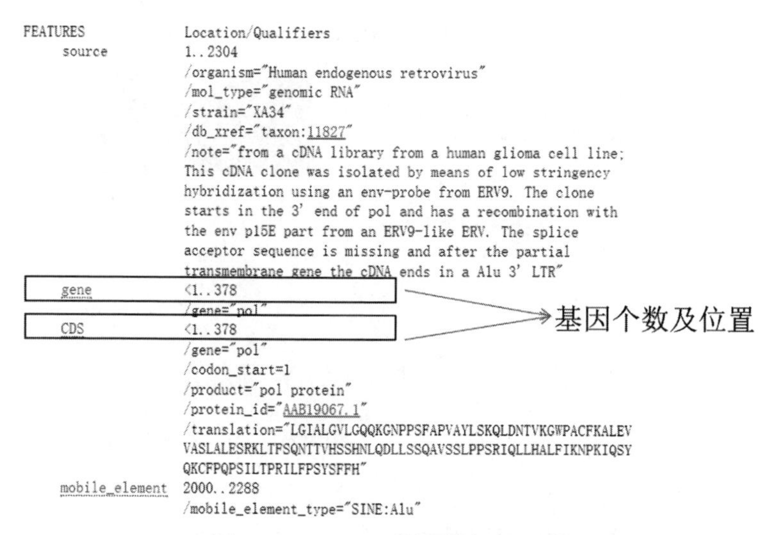

图 7-3　GenBank 界面特征行区域

“Z83834”序列，在结果 blastx 结果界面可以看出比对序列与“P93766.1”相似性最高，点开“P93766.1”序列的 GenBank 界面，在其特征行可以看出，在“P93766.1”中，蛋白的位置为（1~533）aa，gene 的位置为（1~533）aa，对应至序列“Z83834”上为 1 220~2 878 的序列为一个基因。

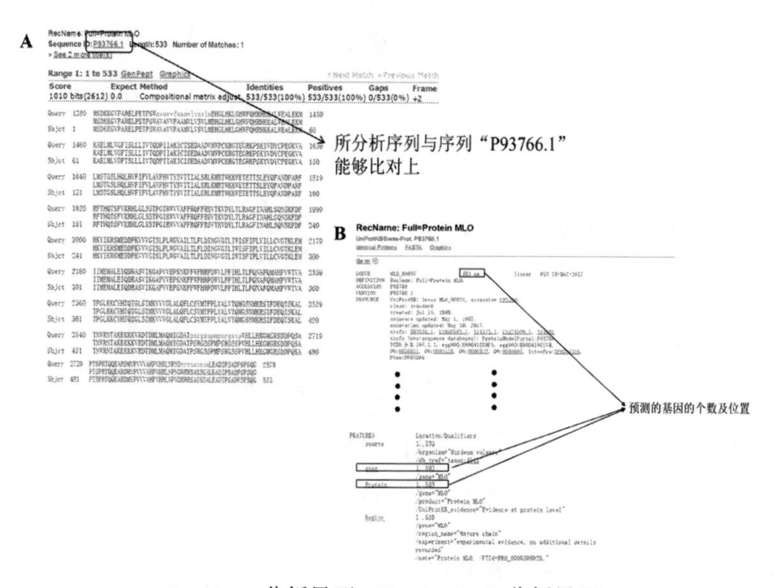

A：blastx 分析界面；B：GenBank 分析界面

图 7-4　利用 blastx 工具进行基因预测

2. 利用 blastn 工具进行基因预测

以序列“Z83834”为例，进入 Blast 分析界面（图 7-5），选择 blastn，上传“Z83834”序列，选择数据库选项选择“EST”数据库，进行 Blast 分析。在结果 blastn 结果界面可以看出，比对序列与“BG354571. 1”相似性最高，点开“BG354571. 1”序列的 GenBank 界面，在其描述行可以看出“BG354571. 1”序列类型为 mRNA，其特征行可以看出登录号为“BG354571. 1”的 mRNA 序列为（1～1 278）bp，被分析序列的（1 067～1 878）bp 与“BG354571. 1”序列的（1～416）bp 能够比对上，故被分析的序列的（1 067～2 740）bp 可能为一基因。

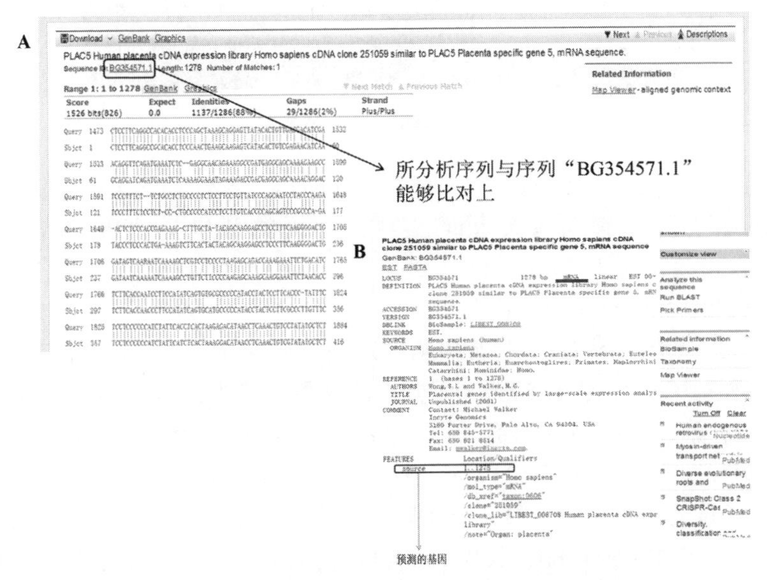

A：Blastn 分析界面；B：GenBank 分析界面

图 7-5　利用 Blastn 工具进行基因预测

（四）利用 GenScan 软件进行基因预测

Genscan 程序是通过设计基因序列模型得到真核生物的基因。其编码区使用五阶的隐马尔科夫模型，而不使用来自同源信息的模型，使得 Genscan 的结果不依靠于目前蛋白质库中的相似基因，从而提供了与同源基因识别不同的方法。

具体分析步骤如下。

（1）在搜索引擎中输入“GenScan”，选择“New GENSCAN Web Server at MIT”选项，即进入了 GenScan 分析界面，如图 7-6 所示。

（2）将要分析的序列粘贴进序列框内或上传要分析的序列；选择参照物种的类型，参照物有：“Vertebrate”（脊椎动物），“Arabidopsis”（拟南芥），

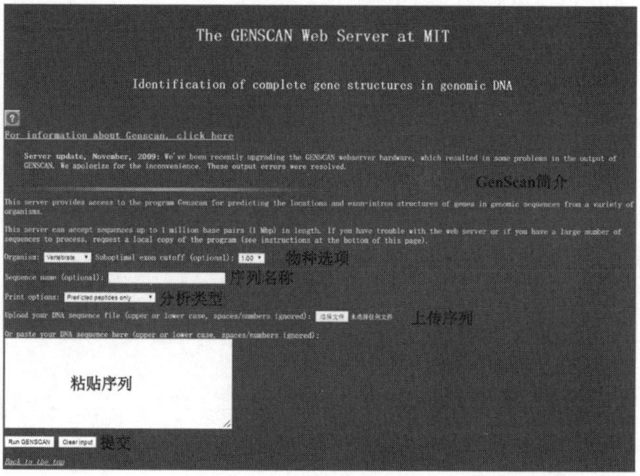

图 7-6　GenScan 分析界面

“Maize”（玉米）；在“Sequence name（optional）”处输入序列的名称；在“Print options”处选择所要分析的类型，分析类型包括“Predicted peptides only”：仅仅预测肽段和“Predicted CDS and peptides”预测 CDS 和肽段。

（3）运行：“Run GENSCAN”。

（4）分析结果（图 7-7）：所预测的序列格式为“*.fasta”格式；序列长度为 73.89%；（G+C）%为 57%，所分析的参数矩阵为 HumanIso. smat；预测的基因为 2 个，第一个基因内部有 4 个外显子，启动子区为（3 294～3 255）bp；第一个外显子：（3 245～2 352）bp，长度为 894bp，第二个外显子：（2 288～891）bp，长度为 1 398 bp，第三个外显子：（728～529）bp，长度为 200 bp，第四个外显子：（202～50）bp，长度为 148bp。预测的第一个肽段长度为 880 aa，第一个 CDS 长度为 2 640 bp。

预测的参数：Gn. Ex：基因．外显子；Type：类型；Begin：起始；End：终止；Len：长度；Fr：阅读框；Ph：重叠的外显子；I/Ac：起始信号或 3′切割位点信号；Do/T：5′切割位点信号或终止信号；CodRg：编码区分值；P：外显子可能性；Tscr：外显子分值。

（五）利用 Glimmer 软件进行基因预测

Glimmer 用于微生物 DNA 的基因预测，特别是细菌、古细菌和病毒等的基因组。Glimmer（Gene Locator and Interpolated Markov ModelER）采用内插马尔可夫模型（Interpolated Markov models，IMMs）来识别编码区域和从非编码的 DNA 中区分出来。

具体分析步骤如下。

（1）进入 NCBI 界面，搜索栏内选择 Genome 数据库，点击“search”，选择

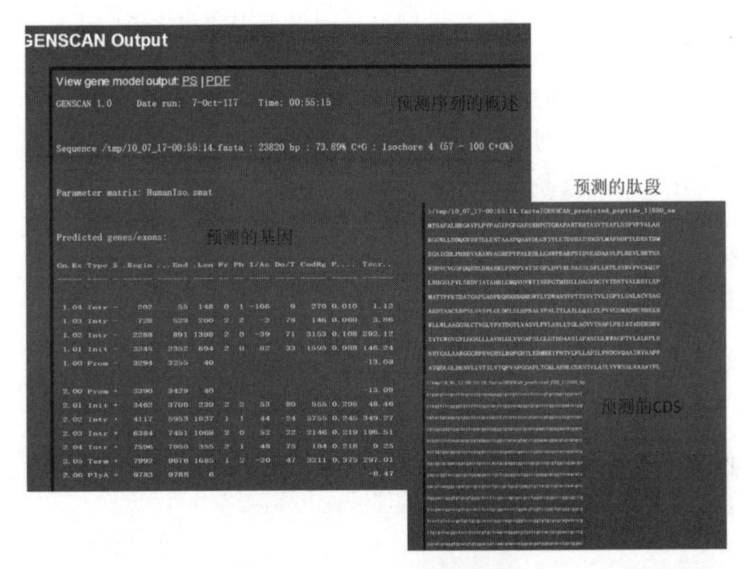

图 7-7　GenScan 结果界面

“Microbes” 选项，进入 “Microbial Genomes”，选择 “Glimmer” 选项进入 “Glimmer” 界面；可以选择本地化 Glimmer 分析（Version 3. 02 release Notes; Download Glimmer v3. 02）或选择在线 Glimmer 分析（NCBI Glimmer）；选择 “NCBI Glimmer” 选项进行在线分析（图 7-8）。

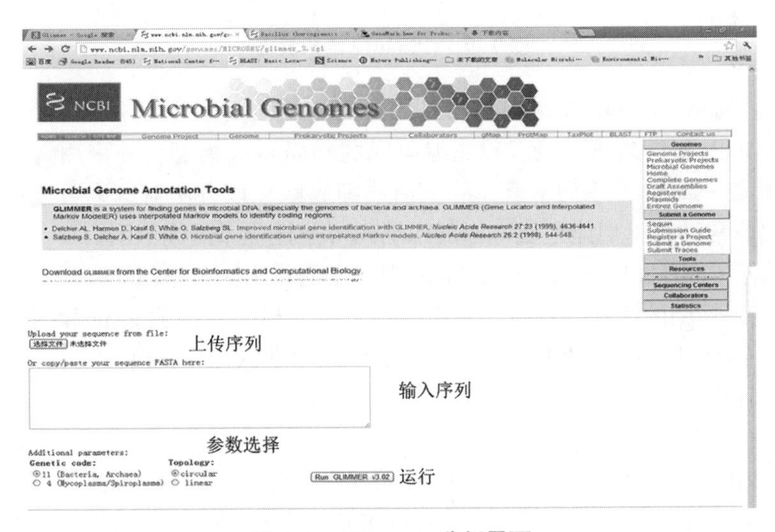

图 7-8　Glimmer 分析界面

（2）在序列框内粘贴要分析的序列或上传序列，序列格式为 “ * . fasta”，根据序列的特征选择合适的参数。

“11（Bacteria，Archaea）”：细菌或古菌常采用的遗传密码子；

“4（Mycoplasma/Spiroplasma）”：支原体或螺原体常采用的遗传密码子；

“Circular”：所分析序列的拓扑学结构为环型；

“Linear”：所分析序列的拓扑学结构为线型。

（3）运行：“Run GLIMMER v3. 02”。

（4）分析结果（图 7-9）：利用的是 GLIMMER（ver. 3. 02：迭代处理）软件进行预测，orf * 为预测的各个基因，“start”为各个基因的起始位点，“end”为各个基因的终止位点，“frame”为阅读框，“score”为预测的 orf 所得分值。

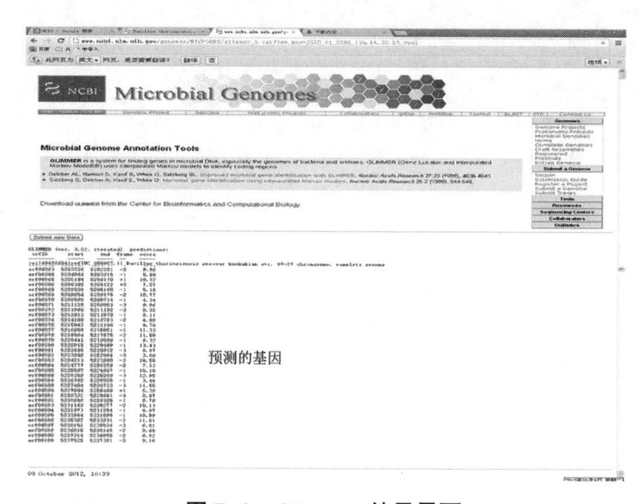

图 7-9　Glimmer 结果界面

（六）利用 Genemark 软件进行基因预测

GeneMark 程序基于编码区和非编码区的马尔科夫模型，并采用滑动窗口的方法，预测一条 DNA 序列中潜在的蛋白质编码区。该方法对编码可能性之间的局部变化非常敏感，但能生成一幅展示编码可能性分布的细节图。

不同于 GeneMark，GeneMark. hmm 则将序列作为一个整体，基于一个可以反映 gene 组织规则的隐状态网络，采用隐马尔科夫模型，预测 gene 和基因间的区域。与 GeneMark 一样，在使用 GeneMark. hmm 预测基因的过程中，首先要选择合适的物种模型。

具体分析步骤如下。

（1）在搜索引擎中输入“GeneMark”，选择“GeneMark™ - Free gene prediction software”选项，即进入 GeneMark 分析界面，如图 7 - 10 所示；GeneMark 可以进行多种物种的基因预测，包括，“Gene Prediction in Bacteria，Archaea，Metagenomes and Metatranscriptomes”：可以进行细菌、古菌、宏基因组和宏转录组的基因预测；“Gene Prediction in Eukaryotes”：可以进行真核生物的

基因预测；“Gene Predition in Transcripts”：可以进行转录物的基因预测；“Gene Prediction in Viruses, Phages and Plasmids”：可以进行病毒、噬菌体和质粒的基因预测。

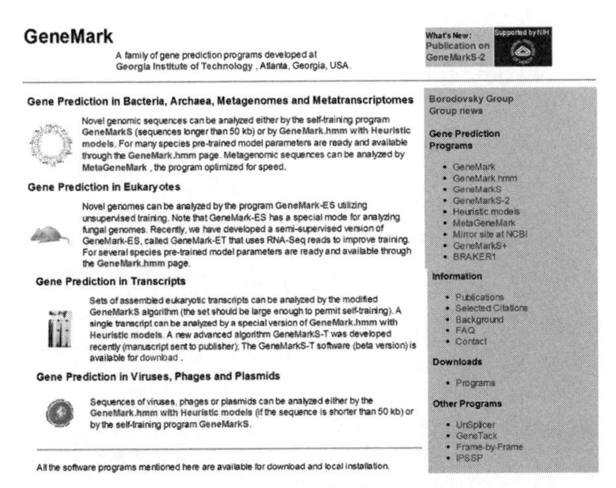

图 7-10　GeneMark 界面

（2）根据序列的特征选择合适的程序进行基因预测（图 7-11）。“GeneMark”：可以进行原核生物的基因预测；“GeneMark. hmm”：可以进行原核生物、宏基因组和真核生物的基因预测；“GeneMarkS”：可以进行原核生物的基因预测，并预测分析基因的调控区域；“GeneMarkS-2”：GeneMarkS 版本 2；“Heuristi models”：采用 Heuristi 方法进行宏基因组的基因预测；“MetaGeneMark”：进行宏基因组的基因预测；“Mirror site at NCBI”：NCBI 在线预测基因；“GeneMarkS+”：进行转录物基因预测，并可预测基因的调控区；“BRAKER1”：采用 BRAKER1 1.9 版本进行基因预测。

（3）在序列框内粘贴要分析的序列或上传序列，序列格式为“*.fasta”，根据序列的物种选择合适的物种作为参照（下拉框内可以选择合适的物种做参照）；选择合适的参数，输出序列格式的参数。“Protein sequence”：输出序列为蛋白质序列；“Gene nucleotide sequence Coding potential graph（not for multi Fasta）”：输出序列为编码的核苷酸序列或编码序列的图形；“PDF”：输出格式为 PDF 格式；“PostScript”：输出格式为草图。其他参数主要有，“Window size”：局部比对区域序列长度；“Step size”：步长区域序列长度；“Threshold”：域值；“RBS model”：核糖体结合位点模型。

（4）运行：“Start GeneMark”。

（5）点击“gm. out”分析结果（图 7-12）：所分析的序列为“*.fasta”格式，序列长度为 23 820 bp，GC 含量为 73.89%，局部比对区域序列长度为

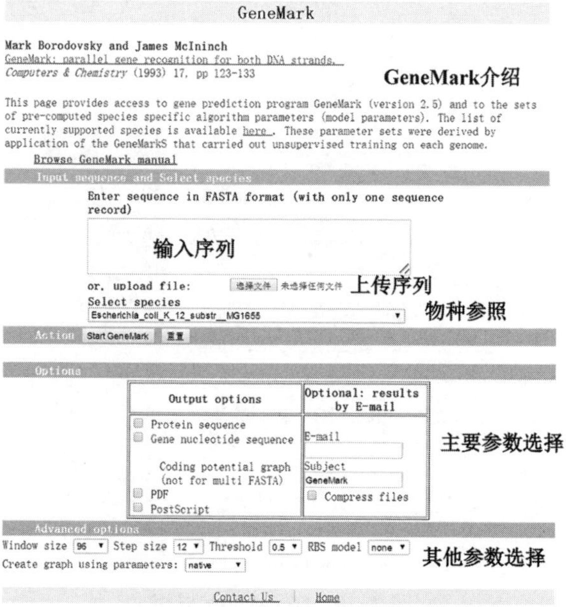

图 7-11　GeneMark 分析界面

96 bp，步长区域序列长度为 12 bp，域值为 0.5，采用 *Escherichia_coli*_K_12_substr_MG1655 为参考序列。共预测出 3 个基因，基因 1：（1~90）bp，基因 2：（873~2 174 bp），基因 3：（2 517~2 723）bp。“Left end”：N 端；“Right end”：C 端；“DNA Strand” DNA 链；Coding Frame：编码框；“Avg Prob”：平均分值；“Start Prob”：起始分值。

（七）利用 Genebuilder 软件进行基因预测

Genebuilder 软件不但可以进行基因预测，还可以对基因结构进行预测，该系统主要包括识别 CpG 岛；识别并屏蔽查询序列中的重复元件；搜索与 dbEST 有显著意义的配对；识别可能的剪接位点、起始密码子和终止密码子；根据开放性阅读框、可能的剪接位点、起始密码子和终止密码子的信息建立一个潜在编码片段（PCF）；对 PCF 采用双密码子统计值；并结合关键蛋白或 ESTs 的同源分析来估计一个综合的“编码潜能”；构建具有最大“编码潜能”的基因（模式 GENE）；获得最佳 PCFs（模式 EXON）；预测 TATA 盒以及多聚腺苷酸化信号；识别转录因子的结合位点；通过 SWISSPROT 搜索预测蛋白的同源体；用 Java 软件将结果可视化。

具体步骤如下。

（1）在搜索引擎中输入“webgene”，选择“WebGene Home Page”选项，选择“GeneBuilder”选项，进入 GeneBuilder 界面（图 7-13）。

```
                         GENEMARK PREDICTIONS

Sequence file: seq.fna
Sequence length: 23820
GC Content:  73.89%
Window length: 96
Window step: 12                                    预测序列的主要参数
Threshold value: 0.500
---
Matrix: Escherichia_coli_K_12_substr__MG1655
Matrix author: -
Matrix order: 4

List of Open reading frames predicted as CDSs, shown with alternate starts
(regions from start to stop codon w/ coding function >0.50)

Left      Right     DNA         Coding Avg   Start
end       end       Strand      Frame  Prob  Prob
--------  --------  ----------  -----  ----  ----

       1       198  complement  fr 3   0.71  0.09
       1       192  complement  fr 3   0.76  0.03          Gene 1
       1       144  complement  fr 3   0.97  0.89
       1        90  complement  fr 3   0.99  ....

     873      2282  complement  fr 2   0.78  0.07
     873      2174  complement  fr 2   0.80  0.25
     873      2159  complement  fr 2   0.79  0.01          Gene 2
     873      2156  complement  fr 2   0.79  0.01

    2415      2723  direct      fr 3   0.52  0.02
    2451      2723  direct      fr 3   0.59  0.81
    2472      2723  direct      fr 3   0.62  0.58          Gene 3
    2517      2723  direct      fr 3   0.70  0.16
```

图 7-12　GeneMark 结果界面

图 7-13　GeneBuilder 工作界面

（2）在序列框内粘贴要分析的序列或上传序列，序列格式为“＊.fasta”，可以输入核苷酸序列，长度在 50 000 bp 以内，也可以输入氨基酸序列，长度在 6 000 aa 以内；选择合适的参数，主要的参数如下。“Organism”：组织；“Mode”：模型；“Strand”：链；“Sequencing error correction”：测序纠错；“Splice sites prediction”：切割位点预测；“Potential coding exons”：潜在编码的外显子；“First and last coding exons”：第一个和最后一个编码的外显子；“Sequence segment for coding regions prediction”：测序片段中编码区域的预测；“Complete gene model”：全基因模型；“Use repeated elements mapping”：采用重复片段构图；“Use EST mapping”：使用 EST 构图；“Protein homology search”：蛋白质同源性搜索；“Use most similar protein”：使用最相似蛋白；“TATA box prediction”：TATA 框的预测；“POLY-A site prediction”：POLY-A 位点的预测；“MatInspector search”：参考物种；“Core similarity”：相似性分值；“Matrix similarity”：相似性矩阵。

（3）运行：“Start the analysis”。

（4）分析结果（图 7-14）：“All potential CDS were used for prediction”预测的所有 CDS 及 CDS 所在的序列位点；“TATA box prediction”预测的 TATA 框；“POLY-A site prediction”：预测的 POLY-A 位点；“Transcriprion Factors View”：预测的转录因子；“BLAST search results”：预测的 CDS 进行 BLAST 分析，每个 CDS 共列出 5 个最相似的序列。

图 7-14　GeneBuilder 软件分析结果界面

【作业】

1. 利用 GenBank、Blastx、Blastn 等 3 个工具预测序列 U37133 中的基因个数，并详细叙述分析的步骤。

2. 利用 GeneMark 和 GenScan 分析序列 AF319968 中的基因个数，并说明结果的差异，除了用这两个工具可以进行基因的预测，是否还可以选用其他工具进行预测，如果可以请选用其他工具进行分析，并说明结果，如果不可以请简要说明原因。

3. 利用 Glimmer 分析序列 NZ_GL989391 中的基因个数，请问是否可以用其他工具进行分析，请简要说明原因及分析结果。

4. 利用 GeneBuilder 分析序列 D63710 其中的基因个数。

【参考文献】

Asaf A S，Victor V S，2000. Ab initio gene finding in drosophila genomic DNA [J]. Genome Research，10：516-522.

Benson G，1999. Tandem repeats finder：a program to analyze DNA sequences [J]. Nucleic Acid Research，27（2）：573-580.

Burge C，Karlin S，1997. Prediction of complete gene structures in human genomic DNA [J]. J Mol Biol，268：78-94.

Delcher A L，Bratke K A，Powers E C，*et al.*，2007. Identifying bacterial genes and endosymbiont DNA with Glimmer [J]. Bioinformatics，23（6）：673-679.

Delcher A L，Harmon D，Kasif S，*et al.*，1999. Improved microbial gene identification with GLIMMER [J]. Nucleic Acids Research，27（23）：4636-4641.

Eugene M M，John F M，2002. LTR_STRUC：a novel search and identification program for LTR retrotransposons [J]. Bioinformatics，19（3）：362-367.

Gardner M J，Tettelin H，Carueci D J，*et al.*，1998. Chromosome 2 sequence of the human malaria parasite *Plasmodium falciparum* [J]. Science，282（5391）：1126-1132.

Li H，Liu J S，Xu Z，*et al.*，2005. Test Data Sets and Evaluation of Gene Prediction Programs on the Rice Genome [J]. J Compute Sci & Technol，20（4）：446-453.

第八章　基因精细结构的预测

【概述】

编码测度与细胞识别和表达基因的方法基本上不同。如果我们能识别表达系统与核酸相互作用的位点，如转录因子结合位点、内含子/外显子的边界位点等，这将对识别基因大有启发，并可能提高识别精度。

一种归纳出这些位点位置（又称“信号”）的方法是给出所谓的“共有序列”，它是由特定的结合位点比对后得到的各个位置最常出现的碱基构成。共有序列是很好的标识工具，但一般在用于从假位点中判别真正位点时还不太可靠，这是因为它没包含各个位点上其他3种碱基出现的可能性。多算法的采用能够提供更佳判别的复杂技术，其中一种根据物理化学原理的技术是位置权重矩阵（PWM）技术。信号的每个位置上可能出现的碱基都分配一个分数，对于一个特定序列，把它看作可能出现的信号，将各个位置的相应分数加和后作为该序列潜在位点的得分。在某些情况下，这些分数大约与控制蛋白（核糖核蛋白）的结合成正比。

有研究表明，PWM在估测单个特定结合位点时表现较好，然而，单独用PWM来识别普通真核基因表达系统的剪接位点、启动子序列等复杂成分时，结果有限且耗时过长，主要问题可能在于基因特异的表达机制和复合结合分子之间的互作。

启动子：要从多基因中准确分割一组外显子，启动子序列可以提供含有这一生物学功能的信号序列。计算机识别启动子部分对促进基因识别十分重要。很多复杂程序依赖于实验室提供的转录因子结合特性和一些对启动子结构的描述，但这些描述并未抓住转录起始中的一些重要特性，并且主要依赖于简单寡核苷酸频率计数的程序也表现平平，启动子识别仍是一个重大挑战。在前面引用的综述中，用包含24个新确认的转录起始点中的18个序列测试了当前的程序，这些程序最多找出了一半启动子，假阳性率约为每千个碱基中有1个。

内含子剪接位点：许多不同物种的研究小组整合了剪接位点的PWM，这可能是多物种分析能得到的最重要资源，可惜PWM分析剪接位点时特异性很低，主要由于存在多剪接机制以及其调控下的交替剪接。事实上，由于大多交替剪接在数据库中鲜被提及，所以完整评估该算法精度困难重重。作为复合基因搜寻程序部分的GENSCAN，Burgen和Karlin将剪接位点归为不同的类，并使用决策树将 PWM 应用于树的每一叶上，这种方法显著提高了基因识别的精度。许多复合的基因识别服务程序提供分离的剪接位点预测（如 FGENEH/D/N/A 程序中的 H/D/N/ASPL 成分）。

翻译起始位点：对于真核生物来讲，如果转录起始点已知，并且没有内含子打断 5′非翻译区，Kozak 规则可以在大多数情况下定位起始密码子。原核生物一般没有剪接过程，但在可读框中找正确的起始密码子仍很困难。在这种情况下，由于多顺反操纵子的存在，启动子定位虽然有用，但不像在真核生物中起关键作用，对于原核生物而言，关键在于核糖体结合点的可靠定位。

【实验目的】

1. 理解预测基因结构的主要目的。

2. 学习使用当前常用的基因精细结构预测的工具，主要包括启动子、终止子、非编码序列的二级结构的预测。

【实验内容】

人们获得各种核酸和蛋白质序列的目的是了解这个序列在生物体中充当怎样的角色。例如，DNA 序列中的重复片段、编码区、启动子、内含子/外显子、转录调控因子结合位点等信息；蛋白质的分子量、等电点、二级结构、三级结构、四级结构、膜蛋白的跨膜区段、酶的活性位点，以及蛋白质之间相互作用等结构和功能信息。虽然用实验的方法是多年以来解决这类问题的主要途径，但新的思路是利用对已有的生物大分子的结构和功能特性的认识，用生物信息学的方法通过计算机模拟和计算来“预测”出这些信息或提供与之相关的辅助信息。由于生物信息学的特点，可以用较低的成本和较快的时间就能获得可靠的结果。近 10 年来，生物学序列信息的爆炸性增长大大促进了各种序列分析和预测技术的发展，目前已经可以用理论预测的方法获得大量的结构和功能信息。需要注意的是，尽管各种预测方法都基于现有的生物学数据和已有的生物学知识，但在不同模型或算法基础上建立的不同分析程序有其一定的适用范围和相应的限制条件，因此最好对同一个生物学问题尽量多采用几种分析程序，综合各种分析方法得到的结果能够增强其可靠性。此外，生物信息学的分析只是为生物学研究提供参考，这些信息能提高研究的效率或提供研究的思路，但很多问题还需要通过实验的方法得到验证。

在构建一个基因结构预测模型时，一些主要的问题是值得注意的：①对真核生物序列，遮蔽重复序列应先于其他分析过程；②大多程序都有特定生物物种适用性；③许多程序只能特定适用于基因组 DNA 数据或只适用于 cDNA 的数据；④序列的长度也是一个重要因素。

【实验仪器、设备及材料】

装有 Windows 7 及以上操作系统的计算机。

【实验原理】

针对核酸序列的预测就是在核酸序列中寻找基因，找出基因所处的区段、功能位点的位置以及标记已知的序列模式等过程。在此过程中，确认一段 DNA 序列是否是一个基因需要多个证据支撑。一般而言，在重复片段频繁出现的区域中，基因编码区和调控区不太可能出现，如果某段 DNA 片段的假想产物与某个已知的蛋白质或其他基因的产物具有较高序列相似性，那么这个 DNA 片段就很可能属于外显子片段。如果在一段 DNA 序列上出现统计性的规律性，即所谓的“密码子偏好性”，就说明这段 DNA 是蛋白质编码区的有力证据。其他证据包括与模板序列的模式相匹配、简单序列模式（如 TATA Box 等）相匹配。一般而言，确定基因的位置和结构需要多个方法综合运用，而且需要遵循一定的规则：第一，对于真核生物序列，在进行预测之前先要进行重复序列分析，把重复序列标记出来并删除；第二，选用预测程序时要注意程序的物种特异性；第三，要清楚程序适用的是基因组序列还是 cDNA 序列；第四，很多程序对序列长度也有要求，有的程序只适用于长序列，而对 EST 这类残缺的序列则不适用。

所以对于真核生物的核酸序列而言，在进行基因辨识之前应把简单的、大量的重复序列标记出来并删除，因为在很多情况下，重复序列会对预测程序产生很大的扰乱，尤其是涉及数据库搜索的程序。常见的重复序列分析程序有 GrailEXP 等，以及可在线使用的软件，或通过 E-mail 来提交反馈操作。

把未知核酸序列作为查询序列，在数据库里搜索与之相似的已有序列是序列分析预测的有效手段，在上一节中已经专门介绍了序列比对和搜索的原理和技术。但应当注意的是，由相似性分析得出的结果可能出错，还需进一步验证。另外，有一定比例的序列很难在数据库中找到合适的同源序列，但对于 EST 序列而言，序列搜索将是非常有效的预测手段。

统计获得的经验说明，DNA 中密码子的使用频率不是均匀分布的，某些密码子会以较高的频率使用，而另一些则较少出现，这样就使得编码区的序列呈现出可观察的统计特异性，即所谓的“密码子偏好性”，利用这一特性对未知序列进行统计学分析可以发现编码区的粗略位置。这一类技术包括：双密码子计数（统计连续两个密码子的出现频率）；核苷酸周期性分析（分析同一个核苷酸在 3，6，9……位置上周期性出现的规律）；均一/复杂性分析（长同聚物的统计计数）；开放阅读框分析等。常见的编码区统计特性分析工具将多种统计分析技术组合起来，给出对编码区的综合判断。常用的程序有 GRAIL 和 GenMark 等，

GRAIL 还提供了基于 Web 的服务。

启动子是基因表达所必需的重要序列信号，识别出启动子对于基因辨识十分重要。有一些程序根据实验获得的转录因子结合特性来描述启动子的序列特征，并依次作为启动子预测的依据，但实际效果并不十分理想，遗漏和假阳性比较严重。但总的来说，启动子仍是值得继续研究和探索的难题。

剪接位点一般具有较明显的序列特征，但是要注意可变剪接的问题。由于可变剪接在数据库中的注释非常不完整，因此很难评估剪接位点识别程序预测剪接位点的敏感性和精确度。如果把剪接位点和两侧的编码特性结合起来分析，则有助于提高剪接位点的识别效果。

对于真核生物而言，如果已知转录起始点，并且没有内含子打断 5′非翻译区，“Kozak 规则”可以在大多数情况下定位起始密码子。原核生物一般没有剪接过程，但在开放阅读框中找正确的起始密码子仍很困难。这是由于多顺反操纵子的存在，启动子定位不像在真核生物中起关键作用。对于原核生物而言，关键是核糖体结合点的定位，可由多个程序提供解决方案。

PolyA 尾和翻译终止信号不像起始信号那么重要，但也可以辅助划分基因的范围。

除了上面提到的程序之外，还有许多用于基因预测的工具，它们大多综合考虑 DNA 的结构特性，对基因进行整体分析和预测。多种信息的综合分析有助于提高预测的可靠性，但也有一些局限。比如物种适用范围的局限，对多基因还是部分基因，有的预测出的基因结构不可靠，预测精度对许多新发现的基因比较低，对序列中的错误很敏感，对可变剪接、重叠基因和启动子等复杂基因预测效果不佳。相对而言，预测效果比较好的工具有 GENSCAN 和 GeneFinding，用户可以通过 Web 页面或 E-mail 获得服务。

这些程序也存在一定的局限性：①复合算法目前只适用于少数物种；②所有的程序（除了 GENSCAN）在输入序列中包含多基因或部分基因时，所预测的外显子仍可靠，但所预测的基因结构则不一定；③尤其对新发现的基因而言，由于尚不完全清楚的原因，预测精度可能比原先想象的低得多（Burset 和 Guigó，1996，用百十来个简单实例标定了能得到的程序，结果无一能正确预测出多于一半的外显子）；④大多复合算法明显对测序错误十分敏感（Burset 和 Guigó，1996）；⑤交替剪接、重叠基因和启动子结构这样的基因结构仍超出当前程序的处理能力。

既然这些程序中没有一个十全十美，但它们都覆盖了一些不同算法，并且都在不断优化，因此强烈建议分析每个序列时采用 3～4 个不同程序，并仔细对比其结果。如果某个工具会经常用到，就值得用大量已知结果的序列对其进行测试，以便用户对算法适用性有所了解。

【实验步骤】

(一) 利用 promoterscan 预测启动子

启动子 (Promoter): 位于结构基因 5′端上游, 能活化 RNA 聚合酶, 使之与模板 DNA 结合, 并具有转录起始特异性。预测的内容包括: 转录起始位点 (Transcription start site, TSS); 核心启动子元件 (Core promoter element); TATA box, Pribnow box (TATAAT); 上游启动子元件 (Upstream promoter element, UPE); CAAT box, GC box, SP1, Otc; 增强子 (Enhancer)。

通常确定启动子的算法可以分成两种, 一种根据启动子区各种转录信号, 如 TATA box、CCAAT box, 结合对这些保守信号及信号间保守的空间排列顺序的识别进行预测。如 PROMOTER 2.0, 用神经网络方法确定 TATA 盒、CCAAT 盒、加帽位点 (cap site) 和 GC 盒 (GC box) 的位置和距离, 识别含 TATA 盒的启动子。PROMOTER SCAN 根据转录因子结合部位在基因组中分布的不平衡性, 将转录因子结合部位分布密度与 TATA 盒的权重矩阵 (Weight matrix) 结合起来, 从基因组 DNA 中识别出启动子区。但上述程序预测的假阳性率较高, PROMOTER 2.0 每 23 kb 出现一个假阳性; PRO2MOTER SCAN 平均每 19 kb 出现一个假阳性。

具体分析步骤如下。

(1) 在搜索引擎中输入"PromoterScan", 选择"Web Promoter Scan Service"选项, 进入 PromoterScan 分析界面, 如图 8-1 所示。

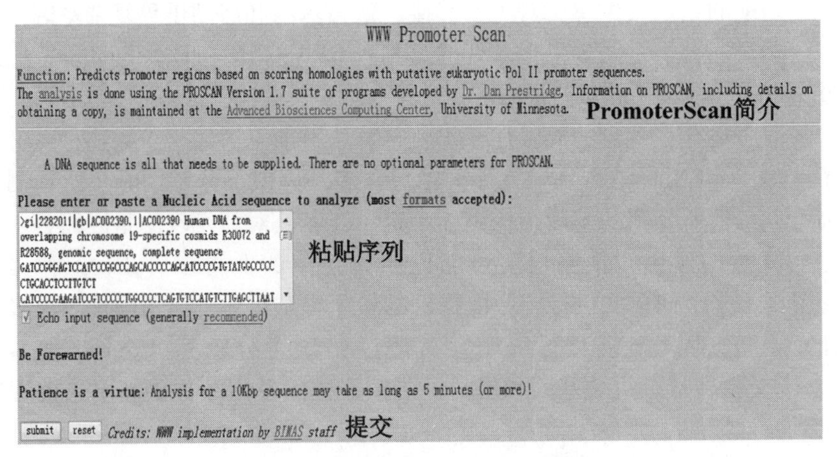

图 8-1 PromoterScan 分析界面

(2) 在序列框内粘贴要分析的序列或上传序列, 序列格式为" *.fasta"。

(3) 提交: "submit"。

（4）分析结果（图 8-2）：启动子区域在正义链上的位置为（55 226~55 476）bp，预测启动子的分值为 60.49，TATA 框位于 55 449，预测的转录起始位点位于 55 479。共预测出了 6 个转录因子，分别为 Sp1、UCE.2、NFI、CTF、JCV _ repeated _ sequence、TFIID，各个转录因子如下。Sp1：位置在 55 265 bp，分值为 3.361（S00802 是数据库中跟 Sp1 有相似性的转录因子）；UCE.2：位置在 55 315 bp，分值为 1.278（S00437 是数据库中跟 UCE.2 有相似性的转录因子）；NFI：位置在 55 377 bp，分值为 1.948（S00281 是数据库中跟 NFI 有相似性的转录因子）；CTF：位置在 55 383 bp，分值为 1.448（S00780 是数据库中跟 CTF 有相似性的转录因子）；JCV _ repeated _ sequence：位置在 55 408 bp，分值为 1.658（S01193 是数据库中跟 JCV_repeated_sequence 有相似性的转录因子）；TFIID 位置在 55 450 bp，分值为 2.92（S00615 是数据库中与 TFIID 有相似性的转录因子）。

Promoter region predicted on forward strand in 55226 to 55476
Promoter Score: 60.49 (Promoter Cutoff = 53.000000)
TATA found at 55449, Est.TSS = 55479　预测到的TATA box和转录起始位点
Significant Signals:

Name	TFD #	Strand	Location	Weight
Sp1	S00802	+	55260	3.292000
Sp1	S00978	-	55265	3.361000
UCE.2	S00437	+	55315	1.278000
NFI	S00281	+	55377	1.948000
CTF	S00780	-	55383	1.448000
JCV_repeated_sequenc	S01193	-	55408	1.658000
TFIID	S01540	+	55450	1.971000
TFIID	S00087	+	55450	2.618000
TFIID	S00615	+	55450	2.920000

预测可能的转录因子　　转录因子在提交序列中的位置

图 8-2　PromoterScan 结果界面

（5）验证启动子：利用 PromoterScan 预测启动子会有假阳性的结果，所以需要对预测的启动子进行验证。启动子位于基因的 5′端，因此预测启动子之前首先要选择合适的基因预测软件预测基因，位于基因 5′端的启动子即为阳性启动子，如图 8-3 所示，针对 CDS1：Pro2 为阳性启动子；针对 CDS2：Pro4 为阳性启动子；针对 CDS3：Pro7 为阳性启动子；针对 CDS4：Pro11 为阳性启动子。

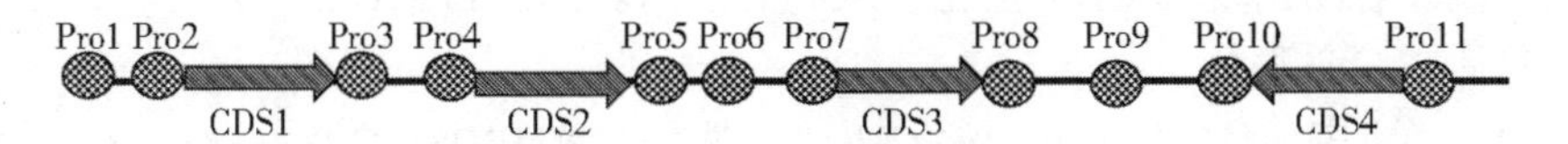

图 8-3　Promoter 的验证

（二）利用 CpGplot 预测 CpG 岛

甲基化是从 DNA 水平调控基因表达的一种重要的表观遗传学机制，机体正常的甲基化在胚胎发育、X 染色体失活、基因印记等方面起到重要的作用，异常的甲基化与肿瘤的发生发展密切相关。

许多研究显示，基因组整体甲基化水平的降低和 CpG 岛局部甲基化水平的异常升高可导致基因组不稳定、转座子成分活化、原癌基因表达和抑癌基因失活等现象，从而导致肿瘤的发生。

由于 CpG 岛区域较小，研究起来更为方便。因此，更多的研究热点集中在 CpG 岛甲基化状态的研究上，而研究 CpG 岛甲基化的前提条件是确认最合适的 CpG 岛区域。根据 Gardiner-Garden 等的定义，CpG 岛是一段长度不小于 200 bp、GC 含量不小于 50%、CG 含量与期望含量之比不小于 0.6 的区域。之后，Takai 等又对 CpG 岛的标准做了修正，确认 CpG 岛定义为 GC 含量达到 55%、CpG 二核苷酸的出现率达到 65%、长度至少为 500 bp 且更趋近于分布在基因的 5′端区域的 DNA 序列。随着 CpG 岛甲基化研究的深入，多种预测 CpG 岛的在线软件也相继出现，这些软件具有不同的检索策略，预测的 CpG 岛也不尽相同。

哺乳动物基因组中 5%~10%是 CpG（二核苷酸），若 CpG 聚集则称 CpG 岛，其中 75%左右呈甲基化状态，称为甲基化的 CpG（mCpG）。人类和小鼠分别有 55.9%和 46.9%的基因与 CpG 岛有密切关系。CpG 岛经常在脊椎动物基因的 5′区被发现，主要位于基因的启动子和第一外显子区域，这一特点有助于基因识别。CpG 岛是基因转录活性的调控因素之一，CpG 岛甲基化异常常伴随疾病发生。

如何识别 CpG 岛。

（1）GC 含量：CpG 岛的 GC 含量达到 55%。

（2）二核苷酸的出现率：CpG 二核苷酸的出现率（观测值与期望值的比率）达到 0.65。

（3）序列长度：长度不少于 500 bp。

传统的 CpG 岛识别方法就是基于以上 3 条。另外还有一种主要的方式基于统计学特征的识别方法，如马尔科夫链和隐马尔科夫链 CpG 岛是 200 bp 或更长的 DNA 序列，GC 含量较高，一般富集在人类基因组启动子区和起始外显子区，在这个区段容易出现 DNA 甲基化，从而对基因表达进行调控。

具体实验步骤如下。

（1）在搜索引擎中输入“CpGplot”，选择“EMBOSS Cpgplot<Sequence Statistics<EMBL-EBI”进入在线工具首页，如图 8-4 所示。

（2）在序列粘贴框内上传序列文件，或粘贴准备好的序列文件，或直接使用样本序列 example sequence，序列格式为“ *.fasta”。

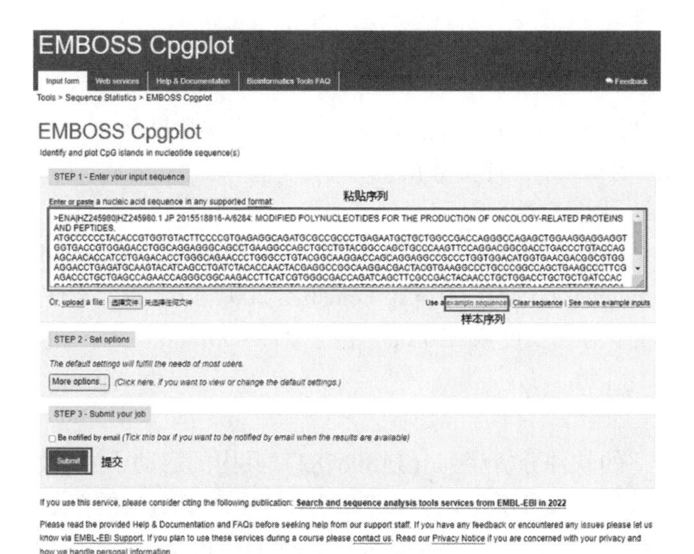

图 8-4　Cpgplot 分析界面

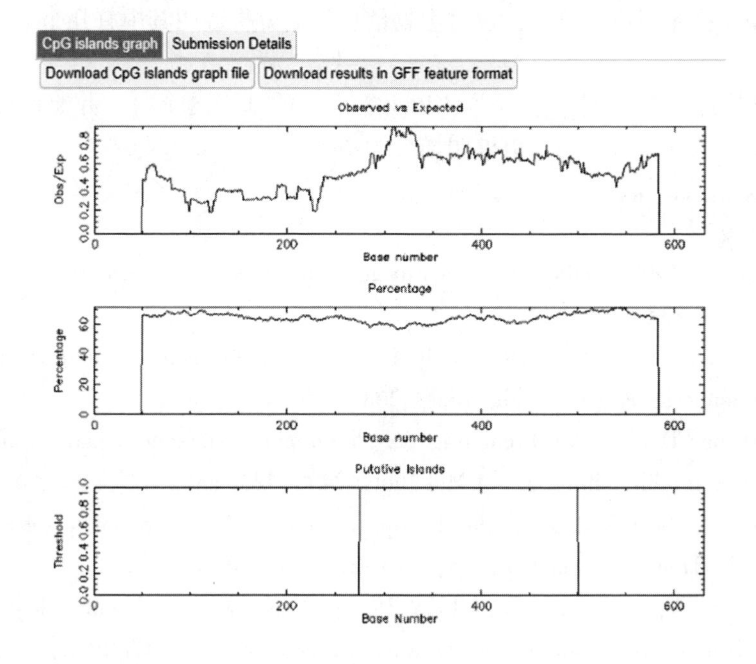


```
CPGPLOT islands of unusual CG composition
HZ245980.1 from 1 to 633

     Observed/Expected ratio > 0.60
     Percent C + Percent G > 50.00
     Length > 200

 Length 226 (276..501)
```

图 8-5　Cpgplot 分析结果页面

（3）以 example sequence 为例，点击“example sequence”，序列输入框自动显示完整序列。

（4）点击“More options”，选择相应参数，本实验默认。

（5）点击“Submit”，提交数据。

（6）分析结果如图 8-5 所示。

（7）由结果可知，满足以下 3 个条件。① Observed/Expected ratio > 0.60；② Percent C + Percent G > 50.00；③ Length > 200。以上 3 个条件的 CpG 仅有一个结果，显示在下方。长度为 226 bp，位于 276~501 bp。

【作业】

1. 利用合适的软件分析序列（JA396782）其中的启动子的个数及区域。

2. 利用合适的软件分析序列（AC002390）中的 PolyA 的个数，分别位于序列中位置，通过生物信息学的分析说明其中阳性的 PloyA 有多少个。

3. 利用合适的软件分析序列 AF394544 中的 CpG-island 有几个，说明这些 CpG-island 在序列中的位置，通过生物信息学的分析说明其中有几个 CpG-island 是阳性的结果。

4. 利用合适的软件分析序列 KB642755 中的基因的个数，并绘制各个基因间的非编码区的二级结构，请说明详细的步骤。

【参考文献】

Burge C，1998. Finding the genes in genomic DNA［J］. Curr Opin Struct Biol，8，346-354.

Burge C，Karlin S，1997. Prediction of complete gene structures in human genomic DNA［J］. J Mol Biol，268，78-94.

Prestridge D S，1995. Predicting pol Ⅱ promoter sequences using transcription factor binding sites［J］. J Mol Biol，249，923-932.

Rice P，2000. EMBOSS：the European molecular biology open software suite［J］. Trends in Genetics，16，276-277.

Salamov A，Solovyev V，1997. Recognition of 3′ - end cleavage and polyadenilation region of human mRNA precursors［J］. CABIOS，13，23-28.

第九章　蛋白质一级结构的预测

【概述】

生物细胞中有许多蛋白质（由 20 余种氨基酸所形成的长链），这些大分子对于完成生物功能是至关重要的。蛋白质的空间结构往往决定了其功能，因此，如何揭示蛋白质的结构是非常重要的工作。

生物学界常常将蛋白质的结构分为 4 个层次：一级结构，也就是组成蛋白质的氨基酸序列；二级结构，即骨架原子间的相互作用形成的局部结构，比如 α 螺旋、β 折叠和 loop 区等；三级结构，即二级结构在更大范围内堆积形成的空间结构；四级结构主要描述由三级结构形成的不同亚基之间的相互作用。

经过多年努力，结构测定的实验方法得到了很好的发展，比较常用的有核磁共振和 X 射线晶体衍射两种。然而由于实验测定比较耗时和昂贵，不适用于某些不易结晶的蛋白质。相比之下，测定蛋白质氨基酸序列则比较容易。因此如果能够从一级序列推断出空间结构则是非常有意义的工作。

蛋白质结构预测的可行性是有坚实依据的。因为一般而言，蛋白质的空间结构是由其一级结构确定的。生化实验表明，如果在体外无任何其他物质存在的条件下，使得蛋白质去折叠，然后复性，蛋白质将立刻重新折叠回原来的空间结构，整个过程在不到 1 s 即可完成。因此有理由认为，对于大部分蛋白质而言，其空间结构信息已经完全蕴涵于氨基酸序列中。从物理学的角度讲，系统的稳定状态通常是能量最小的状态，这也是蛋白质预测工作的理论基础。

蛋白质结构预测的方法可以分为 3 种。①同源性（Homology）方法：这类方法的理论依据是如果两个蛋白质的序列比较相似，则其结构也有很大可能比较相似。有工作表明，如果序列相似性高于 75%，则可以使用这种方法进行粗略的预测。这类方法的优点是准确度高，缺点是只能处理和模板库中蛋白质序列相似性较高的情况。②从头计算（Ab Initio）方法：这类方法的依据是热力学理论，即求蛋白质能量最小的状态。生物学家和物理学家等认为，从原理上讲这是影响蛋白质结构的本质因素。然而由于巨大的计算量，这种方法并不实用，目前只能计算几个氨基酸形成的结构。IBM 开发的 Blue Gene 超级计算机，就是要解决这个问题。③穿线法（Threading）：由于 Ab Initio 方法目前只有理论上的意义，Homology 方法受限于待求蛋白质必须与已知模板库中某个蛋白质有较高的序列相似性，对于其他大部分蛋白质来说有必要寻求新的方法，Threading 就此应运而生。以上 3 种方法中，Ab Initio 方法不依赖于已知结构，其余两种则需要已知结构的协助。通常将蛋白质序列和其真实三级结构组织成模板库，待预测三级结构的蛋白质序列称之为查询序列（Query sequence）。

Threading 方法有 3 个代表性的工作：Eisenburg（美国加州大学）基于环境串的工作、Xu Ying（美国橡树岭国家实验室）的 Prospetor 和 Xu Jinbo、Li Ming（加拿大滑铁卢大学）的 RAPTOR。Threading 的方法：首先从模板库中取出一条模板序列与查询序列作序列比对（Alignment），并将模板蛋白质与查询序列匹配上的残基的空间坐标赋给查询序列上相应的残基。比对的过程是在我们设计的一个能量函数指导下进行的。根据比对结果和得到的查询序列的空间坐标，通过我们设计的能量函数，得到一个能量值。将这个操作应用到所有的模板上，取能量值最低的那条模板产生的查询序列的空间坐标为我们的预测结果。需要指出的是，此处的能量函数却不再是热力学意义上的能量函数。它实质上是概率的负对数，即 $E=-\lg p$，我们用统计意义上的能量来代替真实的分子能量，这两者有大致相同的形式。Eisenburg 指出，如果仅仅停留在简单地使用每个原子的空间坐标（x，y，z）来形式化表示蛋白质空间结构，则难以进一步深入研究。Eisenburg 创造性地使用环境串表示结构，从而将结构预测问题转化成序列串和环境串之间的比对问题；其后，Xu Ying 做了进一步发展，将蛋白质序列表示成一系列核（Core）组成的序列，核与核之间存在相互作用。因此，结构就表示成核的空间坐标，以及核之间的相互作用。在这种表示方法的基础上，Xu Ying 开发了一种求最优匹配的动态规划算法，得到了很好的结果。但是由于其较高的复杂度，在 Prospetor2 上不得不做了一些简化；XuJinbo 和 LiMing 很圆满地解决了这个问题，将求最优匹配的过程表示成一个整数规划问题，并且证明了一些常用的求解整数规划问题的技巧，都已经自然地包含在约束中。

蛋白质结构的预测过程是非常复杂的多步过程，整个过程涉及多项工具。不同类别的蛋白质，例如，膜蛋白与可溶蛋白由于不同的理化性质等，可能需要不同的预测方法。一个蛋白质可能有多个功能结构域（Domain），要直接预测具有多个结构域的蛋白质不大可能，因为 PDB 库中可能没有相应的模板。观察表明，在很大程度上，一个蛋白质的各结构域的折叠方式不依赖于其他结构域的折叠方式，因此，每个结构域的结构可以单独预测。于是如何在一个蛋白质序列定位各个 Domain 的边界也成了结构预测的一个问题。有些蛋白质序列可能包含信号肽，它们与蛋白质结构信息无关，所以可以切除。

综合考虑以上问题，一个蛋白质三维结构预测的流程产生了（图 9-1），它是由 Oak Ridge National Laboratory 的 Xu Ying 等设计，用于全自动的结构预测。进行蛋白质的结构预测，也可以仿照如下流程进行。

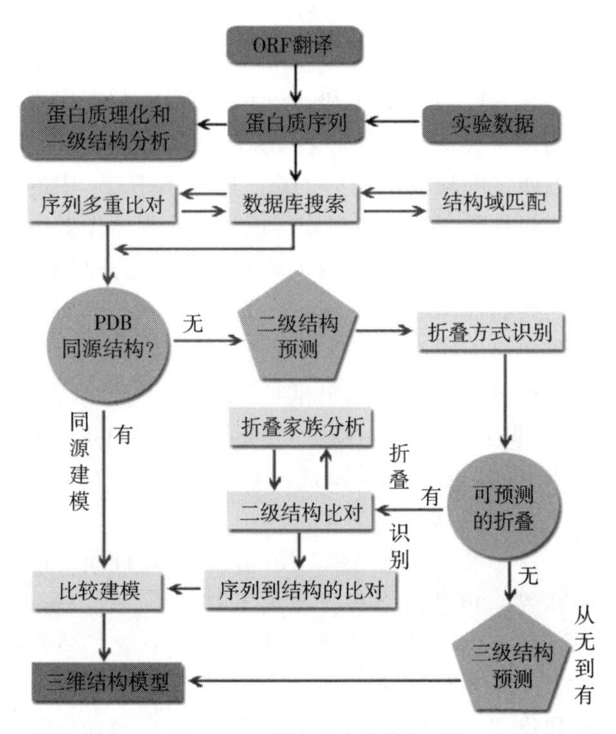

图 9-1　蛋白质结构预测流程

【实验目的】

1. 熟悉 ExPASy 数据库。
2. 能够熟练使用 ExPASy 进行蛋白质理化性质分析。

【实验内容】

传统的生物学认为，蛋白质的序列决定了它的三维结构，也就决定了它的功能。由于用 X 光晶体衍射和 NMR 核磁共振技术测定蛋白质的三维结构，以及用生化方法研究蛋白质的功能效率不高，无法适应蛋白质序列数量飞速增长的需要，因此近几十年来许多科学家致力于研究用理论计算的方法预测蛋白质的三维结构和功能，经过多年努力取得了一定的成果。

1. 从氨基酸组成辨识蛋白质

根据组成蛋白质的 20 种氨基酸的物理和化学性质可以分析电泳等实验中的未知蛋白质，也可以分析已知蛋白质的理化性质。ExPASy 工具包中提供了一系列相应程序。AACompIdent：根据氨基酸组成辨识蛋白质。这个程序需要的信息包括：氨基酸组成、蛋白质的名称（在结果中有用）、pI 和 Mw（如果已知）以及它们的估算误差、所属物种或物种种类或“全部（ALL）”、标准蛋白的氨基酸组成、标准蛋白的 SWISS-PROT 编号、用户的 E-mail 地址等，其中一些信息可以没有。这个程序在 SWISS-PROT 和（或）TrEMBL 数据库中搜索组成相似蛋白。AACompSim：与前者类似，但比较在 SWISS-PROT 条目之间进行。这个程序可以用于发现蛋白质之间较弱的相似关系。除了 ExPASy 中的工具外，PROPSEARCH 也提供基于氨基酸组成的蛋白质辨识功能。程序作者用 144 种不同的物化性质来分析蛋白质，包括分子量、巨大残基的含量、平均疏水性、平均电荷等，把查询序列的这些属性构成的“查询向量”与 SWISS-PROT 和 PIR 中预先计算好的各个已知蛋白质的属性向量进行比较。这个工具能有效地发现同一蛋白质家族的成员。可以通过 Web 使用这个工具，用户只需输入查询序列本身。ExPASy 的网址是：http：//www. expasy. ch/tools/。PROSEARCH 的网址是：http：//www. embl-heidelberg. de/prs. html。

2. 预测蛋白质的物理性质

从蛋白质序列出发，可以预测出蛋白质的许多物理性质，包括等电点、分子量、酶切特性、疏水性、电荷分布等。相关工具如下。① Compute pI/MW，是 ExPASy 工具包中的程序，计算蛋白质的等电点和分子量。对于碱性蛋白质，计算出的等电点可能不准确。② PeptideMass，是 ExPASy 工具包中的程序，分析蛋白质在各种蛋白酶和化学试剂处理后的内切产物。蛋白酶和化学试剂包括胰蛋白酶、糜蛋白酶、LysC、溴化氰、ArgC、AspN 和 GluC 等。③ TGREASE，是 FASTA 工具包中的程序，分析蛋白质序列的疏水性。这个程序沿序列计算每个残基位点的移动平均疏水性，并给出疏水性-序列曲线，用这个程序可以发现膜蛋白的跨膜区和高疏水性区的明显相关性。④ SAPS，蛋白质序列统计分析，对提交的序列给出大量全面的分析数据，包括氨基酸组成统计、电荷分布分析、电荷聚集区域、高度疏水区域、跨膜区段等。

其他特殊局部结构包括膜蛋白的跨膜螺旋、信号肽、卷曲螺旋（Coiled Coils）等，具有明显的序列特征和结构特征，也可以用计算方法加以预测。COILS：卷曲螺旋预测方法，将序列与已知的平行双链卷曲螺旋数据库进行比较，得到相似性得分，并据此算出序列形成卷曲螺旋的概率；跨膜区预测：各个物种的膜蛋白的比例差别不大，约 1/4 的人类已知蛋白为膜蛋白。由于膜蛋白不溶于水，分离纯化困难，不容易生长晶体，很难确定其结构。因此，对膜蛋白的跨膜螺旋进行预测是生物信息学的重要应用；TMpred：预测蛋白质的跨膜区段和在膜上的取向，它根据来自 SWISS-PROT 的跨膜蛋白数据库 Tmbase，利用跨膜结构区段的数量、位置以及侧翼信息，通过加权打分进行预测；TMHMM 软件：综合了跨膜区疏水性、电荷偏倚、螺旋长度和膜蛋白拓扑学限制等性质，采用隐马氏模型（Hidden Markov Models），对跨膜区及膜内外区进行整体的预测。

TMHMM 是目前最好的进行跨膜区预测的软件，尤其用于区分可溶性蛋白和膜蛋白，因此首选它来判定一个蛋白是否为膜蛋白。所有跨膜区预测软件的准确性都不超过 52%，但 86%的跨膜区可以通过不同的软件进行正确预测。因此，综合分析不同的软件预测结果和疏水性图可以获得更好的预测结果。信号肽预测：信号肽位于分泌蛋白的 N 端，当蛋白跨膜转移位置时被切掉。信号肽的特征是包括一个正电荷区域、一个疏水性区域和不带电荷但具有极性的区域。信号肽切割位点的-3 和-1 位为小而中性氨基酸；亚细胞定位预测：亚细胞定位与蛋白质的功能存在着非常重要的联系，其预测基于如下原理：①不同的细胞器往往具有不同的理化环境，它根据蛋白质的结构及表面理化特征，选择性容纳蛋白；②蛋白质表面直接暴露于细胞器环境中，它由序列折叠过程决定，而后者取决于氨基酸组成。因此可以通过氨基酸组成进行亚细胞定位的预测。推荐使用 PSORT（http：//psort. nibb. ac. jp/）II 软件对 PDCD5 蛋白的细胞内定位进行预测。PSORT 将动物蛋白质定位于 10 个细胞器：①细胞浆；②细胞骨架；③内质网；④胞外；⑤高尔基体；⑥溶酶体；⑦线粒体；⑧胞核；⑨过氧化物酶体（peroxisome）；⑩细胞膜。

【实验仪器、设备及材料】

装有 Windows XP、Windows 2000 或 Windows 7 及以上操作系统的计算机。

【实验原理】

一种生物体的基因组规定了所有构成该生物体的蛋白质，基因规定了组成蛋白质的氨基酸序列。虽然蛋白质由氨基酸的线性序列组成，但是，它们只有折叠成特定的空间构象才能具有相应的活性和生物学功能。了解蛋白质的空间结构不仅有利于认识蛋白质的功能，也有利于认识蛋白质是如何执行其功能的。确定蛋白质的结构对于生物学研究是非常重要的。目前，蛋白质序列数据库数据积累的速度非常快，但是，已知结构的蛋白质相对比较少。尽管蛋白质结构测定技术有了较为显著的进展，但是，通过实验方法确定蛋白质结构的过程仍然非常复杂，代价较高。因此，实验测定的蛋白质结构比已知的蛋白质序列要少得多。另外，随着 DNA 测序技术的发展，人类基因组及更多的模式生物基因组已经或将被完全测序，DNA 序列数量将会急增，而由于 DNA 序列分析技术和基因识别方法的进步，我们可以从 DNA 推导出大量的蛋白质序列。这意味着已知序列的蛋白质数量和已测定结构的蛋白质数量（如蛋白质结构数据库 PDB 中的数据）的差距将会越来越大。人们希望产生蛋白质结构的速度能够跟上产生蛋白质序列的速度，或减小两者的差距。那么如何缩小这种差距呢？我们不能完全依赖现有的结构测定技术，需要发展理论分析方法，这对蛋白质结构预测提出了极大的挑战。

20 世纪 60 年代后期，Anfinsen 首先发现，去折叠蛋白或变性（Denatured）蛋白质在允许重新折叠的实验条件下可以重新折叠到原来的结构，这种天然结构（Native structure）对于蛋白质行使生物功能具有重要作用，大多数蛋白质只有在折叠成其天然结构时才能具有完全的生物活性。自从 Anfinsen 提出蛋白质折叠的信息隐含在蛋白质一级结构中，科学家们对蛋白质结构的预测进行了大量的研究，分子生物学家将有可能直接运用适当的算法，从氨基酸序列出发，预测蛋白质的结构。

基因是生命的蓝图，蛋白质是生命的机器。来自于 4 种字符字母表［A，T（U），C，G］的核酸序列中蕴藏着生命的信息，而蛋白质则执行着生物体内各种重要的工作，如生物化学反应的催化、营养物质的输运、生长和分化控制、生物信号的识别和传递等。蛋白质序列由相应的核酸序列所决定，通过对基因的转录和翻译，将原来四字符的 DNA 序列，根据三联密码规则翻译成 20 字符的蛋白质氨基酸序列。

蛋白质具有不同的长度、不同的氨基酸排列和不同的空间结构，实验分析表明，蛋白质能够形成特定的结构。蛋白质中相邻的氨基酸通过肽键形成一条伸展的链，肽链上的氨基酸残基形成局部的二级结构，各种二级结构组合形成完整的折叠结构。蛋白质分子很大，其折叠的空间结构会将一些区域包裹在内部，而将其他区域暴露在外。在蛋白质的空间结构中，序列上相距比较远的氨基酸可能彼此接近。在水溶液中，肽链折叠成为特定的三维结构，主要驱动力来自于氨基酸残基的疏水性。氨基酸残基的疏水性要求将氨基酸疏水片段放置于分子内部。

研究蛋白质的结构意义重大，分析蛋白质结构、功能及其关系是蛋白质组计划中的一个重要组成部分。研究蛋白质结构，有助于了解蛋白质的作用，了解蛋白质如何行使其生物功能，认识蛋白质与蛋白质（或其他分子）之间的相互作用，无论是对于生物学还是对于医学和药学，都是非常重要的。对于未知功能或新发现的蛋白质分子，通过结构分析，可以进行功能注释，指导设计进行功能确认的生物学实验。通过分析蛋白质的结构，确认功能单位或结构域，可以为遗传操作提供目标，为设计新的蛋白质或改造已有蛋白质提供可靠的依据，同时为新的药物分子设计提供合理的靶分子结构。

生物信息学的一个基本观点是：分子的结构决定分子的性质和分子的功能。因此，生物大分子蛋白质的空间结构决定蛋白质的生物学功能。但是，蛋白质的空间结构又是由什么决定的呢？当一个蛋白质的空间结构被破坏以后，或蛋白质解折叠后，可以恢复其自然的折叠结构。大量的实验结果证明，蛋白质的结构由蛋白质序列所决定。虽然影响蛋白质空间结构的另一个因素是蛋白质分子所处的溶液环境，但是，决定蛋白质结构的信息则是被编码于氨基酸序列之中。然而，这种编码是否能被破译？或者说是否能够直接从氨基酸序列预测出蛋白质的空间结构呢？

从数学上讲，蛋白质结构预测的问题是寻找一种从蛋白质的氨基酸线性序列到蛋白质所有原子三维坐标的映射。典型的蛋白质含有几百个氨基酸、上千个原子，而大蛋白质（如载脂蛋白）的氨基酸个数超过 4 500，所有可能的序列到结构的映射数随蛋白质氨基酸残基个数呈指数增长，是天文数字。然而幸运的是，自然界实际存在的蛋白质是有限的，并且存在着大量的同源序列，可能的结构类型也不多，序列到结构的关系有一定的规律可循。因此，蛋白质结构预测是可能的。

蛋白质结构预测主要有两大类方法。一类是理论分析方法或从头算方法（Ab Initio），通过理论计算（分子力学、分子动力学计算）进行结构预测。该类方法假设折叠后的蛋白质取能量最低的构象。从理论上来说，我们可以根据物理、化学原理，通过计算来进行结构预测。但是在实际中，这种方法往往不合适。主要有几个原因，一是自然的蛋白质结构和未折叠的蛋白质结构，两者之间的能量差非常小（1kcal/mol 数量级），二是蛋白质可能的构象空间庞大，针对蛋白质折叠的计算量非常大。另外，计算模型中力场参数的不准确性也是一个问题。

另一类蛋白质结构预测的方法是统计方法，该类方法对已知结构的蛋白质进行统计分析，建立序列到结构的映射模型，进而根据映射模型对未知结构的蛋白质直接从氨基酸序列预测结构。映射模型可以是定性的，也可以是定量的。这是进行蛋白质结构预测较为成功的一类方法。这一类方法包括经验性方法、结构规律提取方法、同源模型化方法等。

所谓经验性方法就是根据一定序列形成一定结构的倾向进行结构预测，例如，根据不同氨基酸形成特定的二级结构的倾向进行结构预测。通过对已知结构的蛋白质（如蛋白质结构数据库 PDB、蛋白质二级结构数据库 DSSP 中的蛋白质）进行统计分析，可以发现各种氨基酸形成不同二级结构的倾向，从而形成一系列关于二级结构预测的规则。

与经验性方法相似的另一种办法是结构规律提取方法，这是更一般的方法，该方法从蛋白质结构数据库中提取关于蛋白质结构形成的一般性规则，指导建立未知结构的蛋白质模型。有许多提取结构规律的方法，如通过视觉观察的方法，基于统计分析和序列多重比对的方法，利用人工神经网络提取规律的方法。

同源模型化方法通过同源序列分析或模式匹配预测蛋白质的空间结构或结构单元（如锌指结构、螺旋-转角-螺旋结构、DNA 结合区域等）。其原理基于下述事实：每一个自然蛋白质具有一个特定的结构，但许多不同的序列会采用同一个基本的折叠，即具有相似序列的蛋白质倾向于折叠成相似的空间结构。这样，如果一个未知结构的蛋白质与一个已知结构的蛋白质具有足够的序列相似性，那么可以根据相似性原理给未知结构的蛋白质构造一个近似的三维模型，如果目标蛋白质序列的某一部分与已知结构的蛋白质的某一结构域相似，则可以认为目标蛋白质具有相同的结构域或功能区域。在蛋白质结构预测方面，预测结果最可靠的方法是同源模型化方法。

蛋白质的同源性比较往往是借助于序列比对进行的，通过序列比对可以发现蛋白质之间进化的关系。在蛋白质结构分析方面，通过序列比对可以发现序列保守模式或突变模式，这些序列模式中包含着非常有用的三维结构信息。利用同源模型化方法可以预测10%~30%蛋白质的结构。然而，许多具有相似结构的蛋白质是远程同源的，它们的等同序列不到25%。即具有相似空间结构的蛋白质序列等同程度可能小于25%。这些蛋白质的同源性不能被传统的序列比对方法所识别。如果通过一个未知序列搜索一个蛋白质序列数据库，并且搜索条件为序列等同程度小于25%，那么将会得到大量不相关的蛋白质。因此，搜索远程同源蛋白质就像在干草堆里寻找一根针，寻找远程同源蛋白质是一项困难的任务，处理这项任务的技术称为“线索（THREADING）技术”。对于一个未知结构的蛋白质，仅当找不到等同序列大于25%的已知结构的同源蛋白质时，才通过线索技术寻找已知结构的远程同源蛋白质，进而预测其结构。找到一个远程同源蛋白质后，就可以利用远程同源建模方法来建立蛋白质的结构模型。

【实验步骤】

（一）蛋白质基本理化性质分析

本实验主要采用ExPASy软件包中的软件进行分析，首先具体介绍ExPASy软件包工具选项。在搜索引擎中输入“ExPAsy”，选择“ExPASy：SIB Bioinformatics Resources Portal-Proteomics Tools”选项，进入ExPAsy蛋白质组工具选项（图9-2），共有26个选项。

（1）蛋白质鉴定和特征，利用肽质谱指纹分析图谱对蛋白质及肽段进行鉴定及特征分析（Protein identification and characterization with peptide mass fingerprinting data），包括FindMod、FindPept、Mascot、PepMAPPER、ProFound、ProteinProspector工具等。

（2）利用质谱/质谱数据对蛋白质进行鉴定及特征分析（Identification and characterization with MS/MS data），包括QuickMod、Phenyx、Mascot、OMSSA、PepFrag、ProteinProspector工具等。

（3）利用pI、分子量和氨基酸组分鉴定蛋白质（Identification with isoelectric point，molecular weight and/or amino acid composition），包括AACompIdent、AA-

CompSim、TagIdent、MultiIdent 工具等。

（4）其他预测或特征分析工具（Other prediction or characterization tools），包括 ProtParam、Compute PI/Mw、PeptideCutter、PeptideMass、xComb、xQuest、SmileMS、SmileMS molecule toolkit 工具等。

（5）其他蛋白质组学工具及糖基化工具（Other proteomics tools Glycotools），包括 GlycanMass、GlycoMod、GlycospectrumScan、Glycoviewer 工具等。

（6）其他质谱数据分析工具如可视化、定量、分析工具等［Other tools for MS data（visualization，quantitation，analysis，etc.）］，包括 HCD/CID spectra merger、MALDIPepQuant、MSight、pIcarver 工具等。

（7）二维数据分析工具如图像分析，数据发布工具等［Other tools for 2-DE data（image analysis，data publishing，etc.）］，包括 ImageMaster/Melanie、Make2D-DB II 工具等。

（8）DNA - Protein 的转化（DNS - > Protein），包括 Translate、Transeq、Graphical Codon Usage Analyser、BCM search launcher、（Reverse）-Transcription and Translation Tool、Genewise 工具等。

（9）相似性搜索（Similarity search），包括 BLAST、WU - BLAST、Fasta3、MPsrch、PropSearch、SAMBA、SAWTED、Scanps、SEQUEROME、SHOPS、BLAST2FASTA 工具等。

（10）模式和图谱搜索（Pattern and profile search），包括 InterPro Scan、My-Hits、ScanProsite、HamapScan、MotifScan、Pfam HMM search、ProDom、SUPER-FAMILY Sequence Search、FingerPRINTScan、3of5、ELM、PRATT、PPSEARCH、PROSITE scan、PATTINPROT、SMART、TEIRESIAS、9aaTAD 工具等。

（11）翻译后修饰预测（Post - translational modification prediction），包括 ChloroP、LipoP、MITOPTOT、PATS、PlasMit、Predotar、PTS1、SignalP、DictyO-Glyc、NetCGlyc、NetOGlyc、NetGlycate、NetNGlyc、OGPET、YinOYang、big - PI Predictor、GPI - SOM、Myristoylator、NMT、CSS - Palm、PrePS、NetAcet、NetPhos、NetPhosK、NetPhosYeast、GPS、Sulfinator、SulfoSite、SUMOplot、SU-MOsp、TermiNator、NetPicoRNA、NetCorona、ProP 工具等。

（12）拓扑学预测（Topology prediction），包括 NetNES、PSORT、SecretomeP、TargetP、TatP、DAS、HMMTOP、PredictProtein、SOSUI、TMHMM、TMpred、TopPred 工具等。

（13）一级结构分析（Primary structure analysis），包括 ProtParam、Compute pI/Mw、ScanSite pI/Mw、MW、pI、Titration curve、Scratch Protein Predictor、HeliQuest、Radar、REP、REPRO、T - REKS、TRUST、XSTREAM、SAPS SIB logo、Coils、Paircoil、Paircoil2、Multicoil、2ZIP、ePESTfind、HLA_Bind、PEP-

VAC、RANKPEP、SYFPEITHI、ProtScale、Drawhca、Peptide Builder、Protein Colourer、Three To One and One to Three、Three-/one-letter amino acid converter、Colorseq、PepDraw、RandSeq 工具等。

（14）二级结构预测（Secondary structure prediction），包括 AGADIR、APSSP、CFSSP、GOR、HNN、HTMSRAP、Jpred、JUFO、NetSurfP、NetTurnP、nnPredict、Porter、PredictProtein、Prof、PSA、PSIpred、SOPMA、Scratch Protein Predictor、DLP-SVM 工具等。

（15）三级结构及三级结构分析（Tertiary structure Tertiary structure analysis），包括 iMolTalk、MolTalk、COPS、PoPMuSiC、Seq2Struct、STRAP、TLSMD、TopMatch-web 工具等。

（16）三级结构预测（Tertiary structure prediction），包括 SWISS-MODEL、CPHmodels、ESyPred3D、Geno3d、Phyre（Successor of 3D-PSSM）、Fugue、HH-pred、LOOPP、SAM-T08、PSIpred、HMMSTR/Rosetta 工具等。

（17）评估三级结构预测（Assessing tertiary structure prediction），包括 Anolea、LiveBench、NQ-Flipper、PROCHECK、ProSA-web、QMEAN、What If 工具等。

（18）四级结构（Quaternary structure），包括 MakeMultimer、EBI PISA、PQS、ProtBud 工具等。

（19）分子建模和可视化工具（Molecular modeling and visualization tools），包括 Swiss-PdbViewer、SwissDock、SwissParam、Ascalaph Packages、Astex Viewer、Jmol、MarvinSpace、MolMol、MovieMaker、PyMol、Rasmol、SRS 3D、VMD、YASARA 工具等。

（20）无规则区域的检测（Prediction of disordered regions），包括 DisEMBL、GlobPlot、MeDor、POODLE、List of Protein Disorder Predictors 工具等。

（21）序列双向比对（Sequence alignment Binary），包括 LALIGN SIB logo、Dotlet 工具等。

（22）多序列比对（Multiple），包括 Decrease redundancy、CLUSTALW、KALIGN、MAFFT、Muscle、T-Coffee、MSA、DIALIGN、Match-Box、Multalin、MUSCA 工具等。

（23）比对分析（Alignment analysis），AMAS、Bork's alignment tools、CINE-MA、ESPript、MaxAlign、PhyloGibbs、SVA、PVS、WebLogo、Plogo、GENIO/logo、SeqLogo 工具等。

（24）系统进化分析（Phylogenetic analysis），包括 BIONJ、DendroUPGMA、PHYLIP、PhyML、Phylogeny. fr、The PhylOgenetic Web Repeater（POWER）、BlastO、Evolutionary Trace Server（TraceSuite II）、Phylogenetic programs。

（25）生物学分析（Biological text analysis），包括 AcroMed、BioMinT、GPS-DB、Medline Ranker、The Miner Suite、XplorMed 工具等。

（26）统计学工具（Statistical tools），包括 pROC 工具等。

图 9-2　ExPASy 工具栏界面

从蛋白质序列出发可以预测出蛋白质的许多物理性质，包括相对分子质量、氨基酸组成、分子式、元素组成、等电点（pI）、消光系数、半衰期、不稳定系数、脂肪系数、总平均亲水性。蛋白质理化性质分析的主要工具如表 9-1 所示。

表 9-1　蛋白质理化性质分析工具

AACompldent	http: //expasy. org/tools/aa-comp/	利用未知蛋白质的氨基酸组成确认具有相同组成的已知蛋白
Compute pI/Mw	http: //expasy. org/tools/pi _ tool.html	计算蛋白质序列的等电点和分子量
ProtParam	http: //expasy. org/tools/prot-param.html	对氨基酸序列多个物理和化学参数（分子量、等电点、吸光系数等）进行计算
PeptideMass	http: //expasy. org/tools/pep-tide-mass.html	计算相应肽段的 pI 和分子量
SAPS	http: //www.isrec.isb-sib.ch/software/SAPS_form.html	利用蛋白质序列统计分析方法给出待测蛋白的物理化学信息

常用的是利用 ExPASy 软件包中的 ProtParam、AACompldent、Compute pI/Mw。

1. Protparam

利用 Protparam 工具可以预测以下物理化学性质：相对分子质量、理论 pI 值、氨基酸组成、原子组成、消光系数、半衰期、不稳定系数、脂肪系数、总平均亲水性等。

具体步骤如下。

（1）在搜索引擎中输入“ExPASy”，选择“ExPASy：SIB Bioinformatics Resource Portal-Proteomics Tools”选项，进入 ExPASy 工具栏界面（图 9-2）。选择“Other prediction or characterization tools”项目中的“ProtParam”选项，进入“ProtParam”工具界面（图 9-3）。

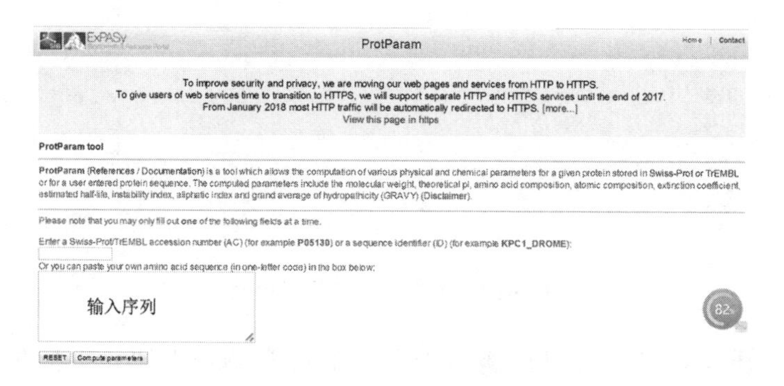

图 9-3　ProtParam 分析界面

（2）输入序列。

（3）提交，“Cmpute parameters”。

（4）分析结果（图9-4）。分析的氨基酸个数“Number of amino acids”：371个；分子量“Molecular weight”：40 596. 7；理论等电点“Theoretical pI”：5. 70；氨基酸组分“Amino acid composition”：Ala 7. 5%，Arg 3. 5%，Asn 6. 2%，Asp 3. 8%等；负电荷残基总数“Total number of negatively charged residues（Asp + Glu）”：41个；正电荷残基总数“Total number of positively charged residues（Arg + Lys）”：36个；元素组成“Atomic composition”：Carbon 1 791，Hydrogen 2 790，Nitrogen 482，Oxygen 551，Sulfur 22；分子式“Formula”：C1791H2790N482O551S22；总原子数“Total number of atoms”：5 536；消光系数“Extinction coefficients”：半胱氨酸残基形成半胱氨酸时吸光度值为1. 283，消光系数为52 090；半衰期“Estimated half-life”：体外哺乳动物红细胞中蛋白质半衰期为30 h，酵母体内蛋白质半衰期为20 h，大肠杆菌体内半衰期为10 h；不稳定系数“Instability index”：29. 73；脂肪系数“Aliphatic index”：76. 01；“Grand average of hydropathicity（GRAVY）”：-0. 273。

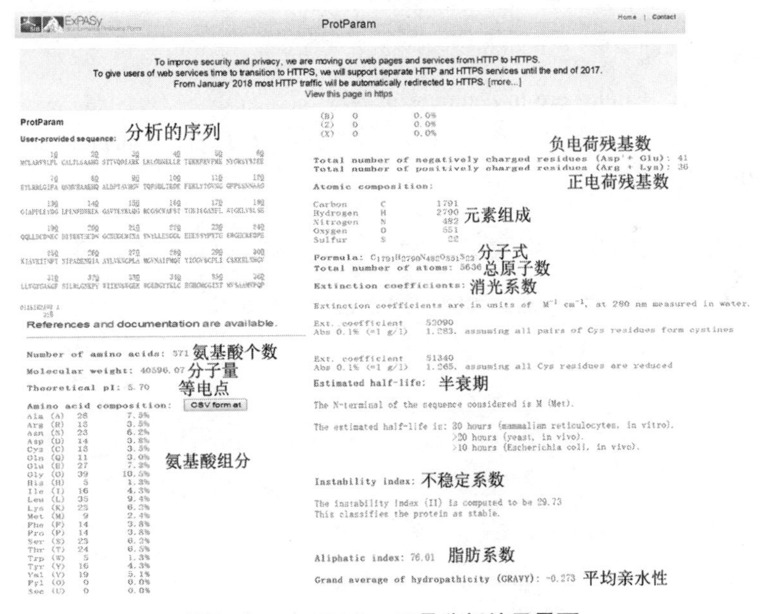

图9-4　ProtParam 工具分析结果界面

2. Compute pI/Mw

利用 Compute pI/Mw 工具可以预测以下物理化学性质：蛋白质 pI 和分子量。具体步骤如下。

（1）在搜索引擎中输入“ExPASy”，选择“ExPASy：SIB Bioinformatics Resource Portal-Proteomics Tools”选项，进入 ExPASy 工具栏界面（图9-2）。选择

“Other prediction or characterization tools”项目中的“Compute pI/Mw”选项，进入“Compute pI/Mw”工具界面（图 9-5）。

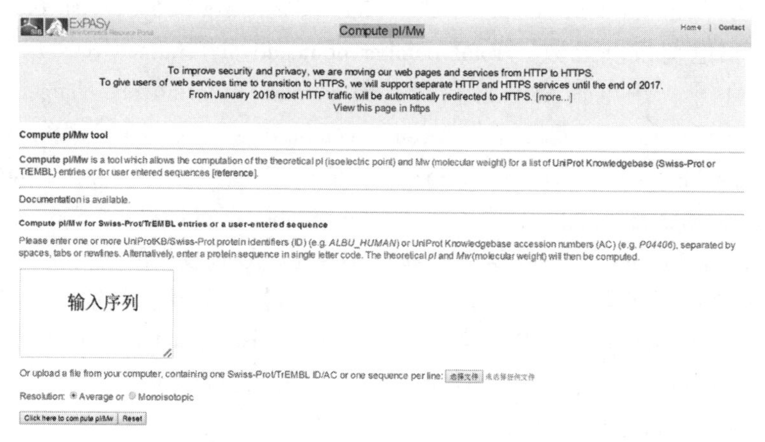

图 9-5　Compute pI/Mw 分析界面

（2）输入序列。

（3）提交，“Click here to compute pI/Mw”。

（4）分析结果（图 9-6）：理论等电点/分子量“Theoretical pI/Mw”：5.70/40596.07。

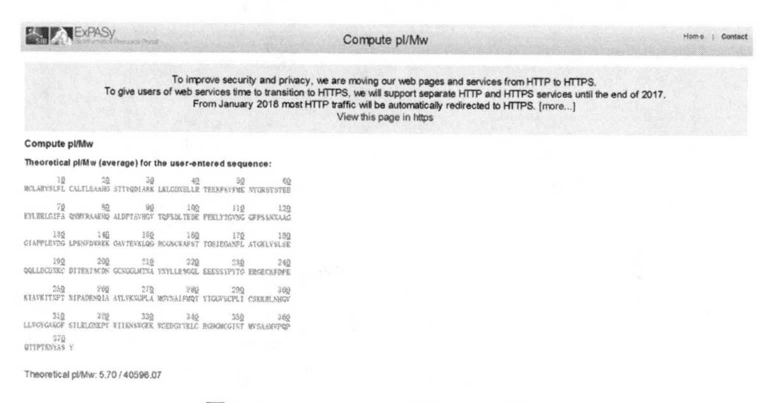

图 9-6　Compute pI/Mw 结果界面

3. AACompIdent

利用 AACompIdent 工具可以预测以下物理化学性质：氨基酸的组分和基本的理化性质。

具体步骤如下。

（1）在搜索引擎中输入“ExPASy”，选择“ExPASy：SIB Bioinformatics Resource Portal-Proteomics Tools”选项，进入 ExPASy 工具栏界面（图 9-2）。选择“Identification with isoelectric point，molecular weight and/or amino acid composition”项目中的“AACompIdent”选项，进入“AACompIdent”选项界面。

（2）根据蛋白质序列内的氨基酸组分选择合适的选项（图 9-7）；选择“Constellation 0”选项进入“AACompIdent”选项界面。

Few amino acid analysis techniques produce composition results for all amino acids. We currently have indexed Swiss-Prot and TrEMBL for the following constellations. Please choose one of them:

1. **Constellation 0: ALL amino acids**: Ala, Ile, Pro, Val, Arg, Leu, Ser, Thr, Gly, Met, His, Phe, Tyr, Lys, Asp, Asn, Gln, Glu, Cys and Trp.
2. **Constellation 1**: Ala, Ile, Pro, Val, Arg, Leu, Ser, Asx, Thr, Glx, Gly, Met, His, Phe and Tyr.
   (Asp+Asn=Asx; Gln+Glu=Glx; Lys, Cys and Trp are not considered).
3. **Constellation 2**: Ala, Ile, Pro, Val, Arg, Leu, Ser, Asx, Lys, Thr, Glx, Gly, Met, His, Phe and Tyr.
   (Asp+Asn=Asx; Gln+Glu=Glx; Cys and Trp are not considered).
4. **Constellation 5**: Ala, Ile, Pro, Val, Arg, Leu, Ser, Asx, Lys, Thr, Glx, Gly, Met, His, Phe, Tyr and Cys.
   (Asp+Asn=Asx; Gln+Glu=Glx; Trp is not considered).

- Free Constellation: (select any amino acids) **Warning: This program is resource consuming. Please use it only if the constellation does not exist above.**

图 9-7　AACompIdent 选项

（3）输入序列（图 9-8）。在分析序列氨基酸组分表“Amino acid composition”填上所分析序列的氨基酸组分，然后在同源序列氨基酸组分表“Calibration protein”填上同源序列的氨基酸组分。

图 9-8　“AACompIdent”工作界面

（4）提交，“Run AACompIdent”。

（5）分析结果：类似于“Protparam”和“Compute pI/Mw”。

（二）蛋白质亲疏水性分析

疏水作用是蛋白质折叠的主要驱动力，分析蛋白质氨基酸亲疏水性是了解蛋白质折叠的第一步，氨基酸疏水分析为蛋白质二级结构预测提供佐证，可用于分析蛋白质相互作用位点-抗原位点预测（预测准确率达 56%），是分析蛋白质跨膜区重要一步。

分析蛋白质的亲疏水性所采用的工具为“ProtScale”。氨基酸标度表示氨基酸在某种实验状态下相对其他氨基酸在某些性质的差异，如疏水性、亲水性等收集 56 多个文献中提供的氨基酸标度默认值以 Hphob. Kyte & Doolittle 做疏水性分析特异性氨基酸标度，如 Hopp & Woods（1981）针对抗原片段定位；Accessible residues（1979）针对氨基酸溶剂可及性定位；Chou & Fasman（1978）针对氨基酸二级结构疏水性分析。

具体步骤如下。

（1）在搜索引擎中输入“ExPASy”，选择“ExPASy：SIB Bioinformatics Resource Portal-Proteomics Tools”选项，进入 ExPASy 工具栏界面（图 9-2）。选择“Primary structure analysis”项目中的“ProtScale”选项，进入“ProtScale”工具界面（图 9-9）。

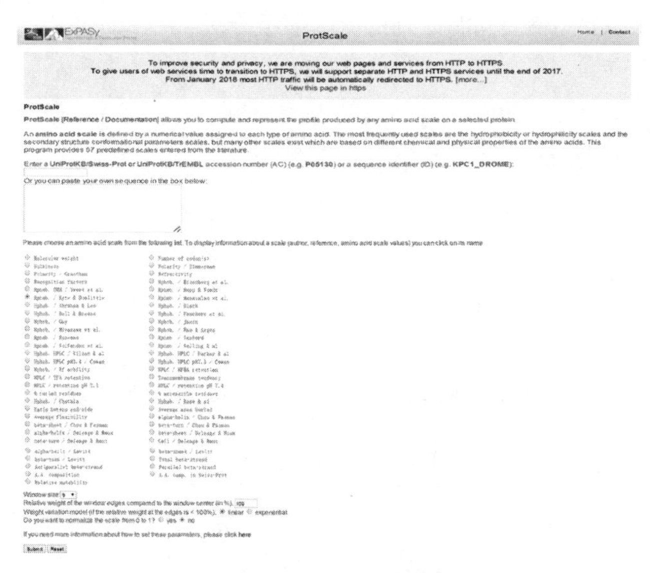

图 9-9　ProtScale 工具界面

（2）输入序列。

（3）提交，“Submit”。

（4）分析结果（图 9-10）：图形化结果，横坐标表示的是氨基酸序列位置，纵坐标表示的是各个氨基酸亲疏水性分值，>0 表示的是疏水性，<0 表示的是亲水性。

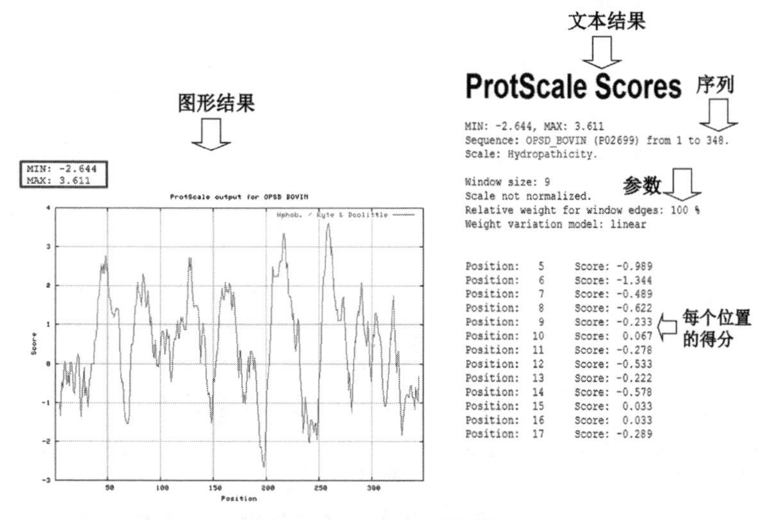

图 9-10　ProtScale 结果界面

（三）蛋白质跨膜区分析

膜蛋白是一类结构独特的蛋白质，在各种细胞中普遍存在，同时发挥着重要的生理功能。由于实验技术的限制，目前仅有少数膜蛋白的结构被实验测出。因此，从理论上预测这类蛋白质的结构具有非常重要的意义。基因组数据中大约有20%~30%的基因产物被预测为膜蛋白。膜蛋白由于其在细胞膜上具有的重要功能和潜在的药用价值而引起生物化学家浓厚的兴趣。由于膜蛋白需要与生物膜共同形成稳定的自然构象，不利于用 X 射线晶体衍射方法和核磁共振技术测定其三维结构，目前仅有少数膜蛋白的结构被实验测出。如何从少数已知结构的膜蛋白预测大量未知实验结构的膜蛋白是蛋白质结构预测的主要内容之一。决定蛋白质结构类型和稳定性的一个最重要的因素是氨基酸序列的疏水性。由于膜蛋白穿过膜的磷脂双层，这种特殊的环境决定了跨膜区必须由强疏水的氨基酸组成，同时，磷脂双层的厚度又决定了膜蛋白的跨膜区一般大约由 20 个强疏水性的氨基酸组成。Kyte 等研究表明，通过氨基酸序列的疏水性可以预测膜蛋白的结构。1982 年，Doolittle 根据其提出的一套氨基酸疏水标度值，把蛋白质氨基酸序列通过滑动的矩形窗转换成疏水图谱，再设定合适的阈值，进而确定可能的跨膜区。VonHeijine 于 1986 年提出了著名的“正电荷居内规则”，为膜蛋白的结构预测提供了进一步的指导。近几年来，随着膜蛋白结构被实验确定数目的增加，出现了若干统计的预测方法，如 MEMSAT、DAS、人工神经网络和隐马尔科夫模型等。虽然预测结果一般较好，但要求设置的参数较多，并且要求在预测前对膜蛋白进行分类；有些方法还要求使用者确定膜蛋白跨膜区段的最短和最长的长度或要求考虑跨膜区段的残基数目，以便符合序列扫描窗口，因而影响了其应用的广泛性。主要的跨膜区分析工具如表 9-2 所示。

表 9-2 常用蛋白质跨膜区域分析工具

工具	网站	备注
DAS	http://www.sbc.su.se/~miklos/DAS/	用 Dense Alignment Surface（DAS）算法来预测无同源家族的蛋白跨膜区
HMMTOP	http://www.enzim.hu/hmmtop/	由 Enzymology 研究所开发的蛋白质跨膜区和拓扑结构预测程序
SOSUI	http://bp.nuap.nagoya-u.ac.jp/sosui/	由 Nagoya 大学开发一个具有图形显示跨膜区的程序
TMAP	http://bioinfo.limbo.ifm.liu.se/tmap/	基于多序列比对来预测跨膜区的程序
TMHMM	http://www.cbs.dtu.dk/services/TMHMM-2.0	基于 HMM 方法的蛋白质跨膜区预测工具
TMpred	http://www.ch.embnet.org/software/TMPRED_form.html	基于对 TMbase 数据库的统计分析来预测蛋白质跨膜区和跨膜方向
TopPred	http://bioweb.pasteur.fr/seqanal/interfaces/toppred.html	是一个位于法国的蛋白质拓扑结构预测程序

本实验主要介绍 TMpred、TMHMM 工具预测蛋白质跨膜区。

1. TMHMM

TMHMM：是一个基于隐马尔科夫模型预测跨膜螺旋的程序，它综合了跨膜区疏水性、电荷偏倚、螺旋长度和膜蛋白拓扑学限制等性质，可对跨膜区及膜内外区进行整体预测。由于其在区分可溶性蛋白和膜蛋白方面尤为见长，故常用于判定一个蛋白是否为膜蛋白。

具体步骤如下。

（1）在搜索引擎中输入“ExPASy”，选择“ExPASy：SIB Bioinformatics Resource Portal-Proteomics Tools”选项，进入 ExPASy 工具栏界面（图 9-2）。选择“Topology prediction”项目中的“TMHMM”选项，进入“TMHMM”工具界面（图 9-11）。

（2）输入序列。

（3）提交，“Submit”。

（4）分析结果（图 9-12）：文字化结果，所分析序列长度为 5 491 个氨基酸，共预测了 3 个跨膜螺旋，（1~5 349）aa 在膜外，（5 350~5 372）aa 为跨膜螺旋，（5 373~5 402）aa 在膜内，（5 403~5 425）aa 为跨膜螺旋，（5 426~5 460）aa 在膜外，（5 461~5 483）aa 为跨膜螺旋，（5 484~5 491）aa 在膜内。图形化结果，横坐标表示的是氨基酸序列位置，纵坐标表示的是各个氨基酸亲疏水性分值，>0 表示的是疏水性，<0 表示的是亲水性。图形化结果，“transmembrane”为跨膜区，“inside”为膜内区域，“outside”为膜外区域。

TMHMM Server v. 2.0

Prediction of transmembrane helices in proteins

Please try the new server Phobius

NOTE: You can submit many proteins at once in one fasta file. Please limit each submission to at most 4000 proteins.
Please tick the 'One line per protein' option. Please leave time between each large submission.

Instructions

SUBMISSION

Submission of a local file in FASTA format (HTML 3.0 or higher)

Browse...　　上传序列

OR by pasting sequence(s) in FASTA format:

输入序列

Output format:

- Extensive, with graphics
- Extensive, no graphics
- One line per protein

参数选择

Other options:

- Use old model (version 1)

Submit　Clear　提交

图 9-11　TMHMM 工具界面

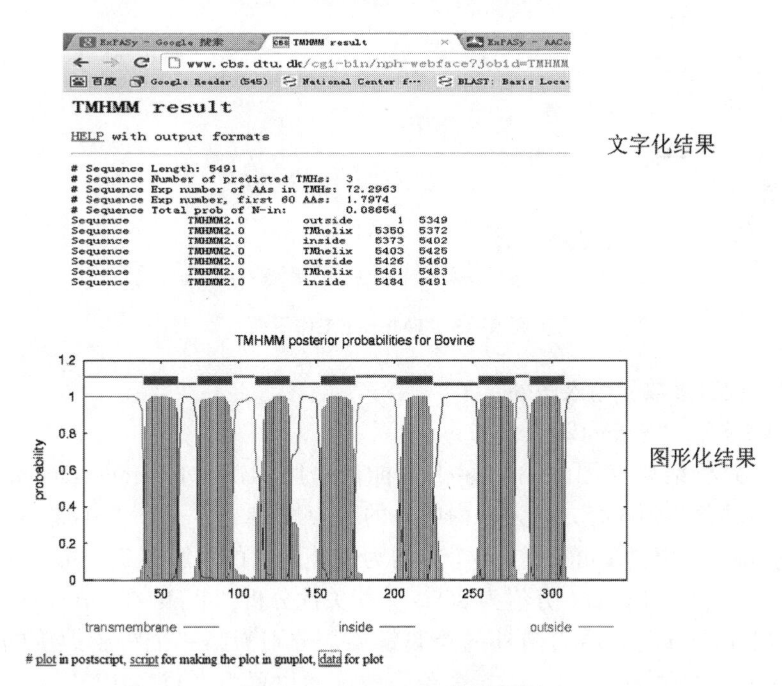

图 9-12　TMHMM 结果界面

2. TMpred

TMpred 是依靠跨膜蛋白数据库 TMbase 进行分析的工具。TMbase 来源于

Swiss-Prot 库，并包含了每个序列的一些附加信息：跨膜结构区域的数量、跨膜结构域的位置及其侧翼序列的情况。Tmpred 利用这些信息并与若干加权矩阵结合来进行预测。TMpred 的 Web 界面十分简明。用户将单字符序列输入查询序列文本框，并可以指定预测时采用的跨膜螺旋疏水区的最小长度和最大长度。输出结果包含 4 个部分：可能的跨膜螺旋区、相关性列表、建议的跨膜拓扑模型以及代表相同结果的图。

具体步骤如下。

（1）在搜索引擎中输入“ExPASy”，选择“ExPASy：SIB Bioinformatics Resource Portal-Proteomics Tools”选项，进入 ExPASy 工具栏界面（图 9-2）。选择“Topology prediction”项目中的“TMpred”选项，进入“TMpred”工具界面（图 9-13）。

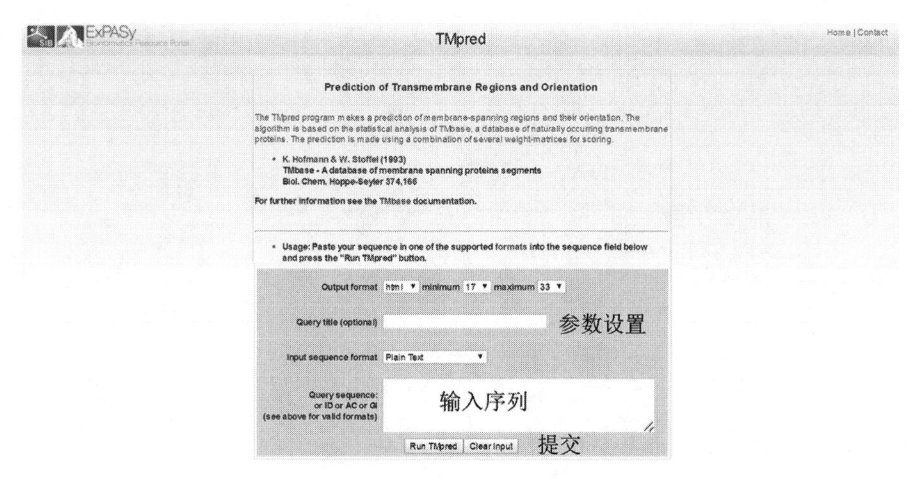

图 9-13　TMpred 工作界面

（2）设置参数，输入序列。

（3）提交，“Submit”。

（4）分析结果（图 9-14）。①可能的跨膜螺旋“Possible transmemebrane helices”：共预测到 5 个方向为由内向外的跨膜螺旋，第一个跨膜螺旋的位置为（1~21）aa，分值为 1 403 等，4 个方向为由外向内的跨膜螺旋，第一个跨膜螺旋的位置为（1~21）aa，分值为 865。②相关性分析“Table of correspondences”：共预测出 4 个方向为由内向外的跨膜螺旋，分别为第一个跨膜螺旋的位置为（1~21）aa，分值为 1 403；第二个跨膜螺旋的位置为（152~170）aa，分值为 511；第三个跨膜螺旋的位置为（269~290）aa，分值为 1 107；第四个跨膜螺旋的位置为（298~316）aa，分值为 228。

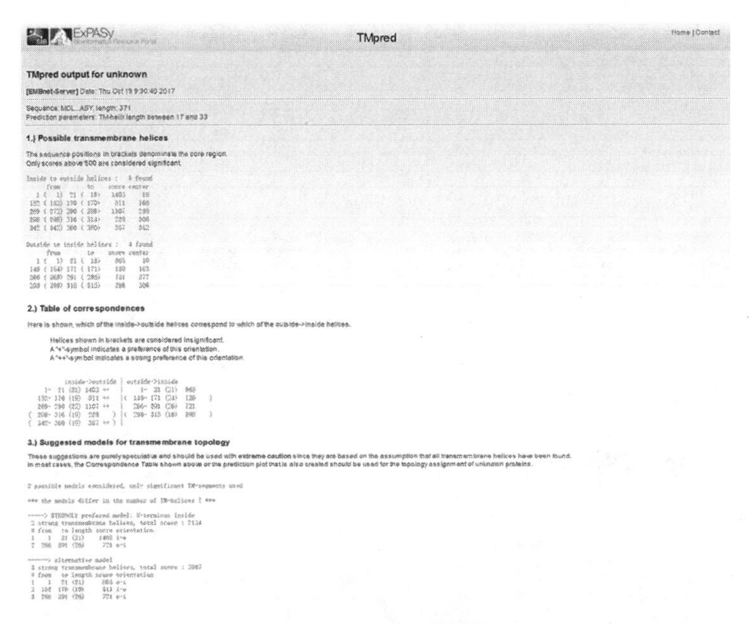

图 9-14　TMpred 结果界面

（四）膜锚定蛋白的 GPI 位点

锚定蛋白（Ankyrin）又称 2.1 蛋白。锚定蛋白是一种比较大的细胞内连接蛋白，每个红细胞约含 10 万个锚定蛋白，相对分子质量为 215 000。锚定蛋白一方面与血影蛋白相连，另一方面与跨膜的带 3 蛋白的细胞质结构域部分相连。这样，锚定蛋白借助于带 3 蛋白将血影蛋白连接到细胞膜上，也就将骨架固定到质膜上。脂锚定蛋白（Lipid-anchored protein）可以分为两类，一类是糖磷脂酰肌醇（Glycophosphatidylinositol，GPI）连接的蛋白，GPI 位于细胞膜的外小叶，用磷脂酶 C（能识别含肌醇的磷脂）处理细胞，能释放出结合的蛋白。许多细胞表面的受体、酶、细胞黏附分子和引起羊瘙痒病的 PrPC 都是这类蛋白。另一类脂锚定蛋白与插入质膜内小叶的长碳氢链结合，如三聚体 GTP 结合调节蛋白（Trimeric GTP-binding regulatory protein）的 α 和 γ 亚基。目前主要预测膜锚定蛋白的工具为：big-PI Predictor。

具体步骤如下。

（1）在搜索引擎中输入“ExPASy”，选择“ExPASy：SIB Bioinformatics Resource Portal-Proteomics Tools”选项，进入 ExPASy 工具栏界面（图 9-2）。选择“Post-translational modification prediction”项目中的“big-PI Predictor”选项，进入“big-PI Predictor”工具界面（图 9-15）。

（2）输入序列。

（3）提交，“RUN PREDICTION”。

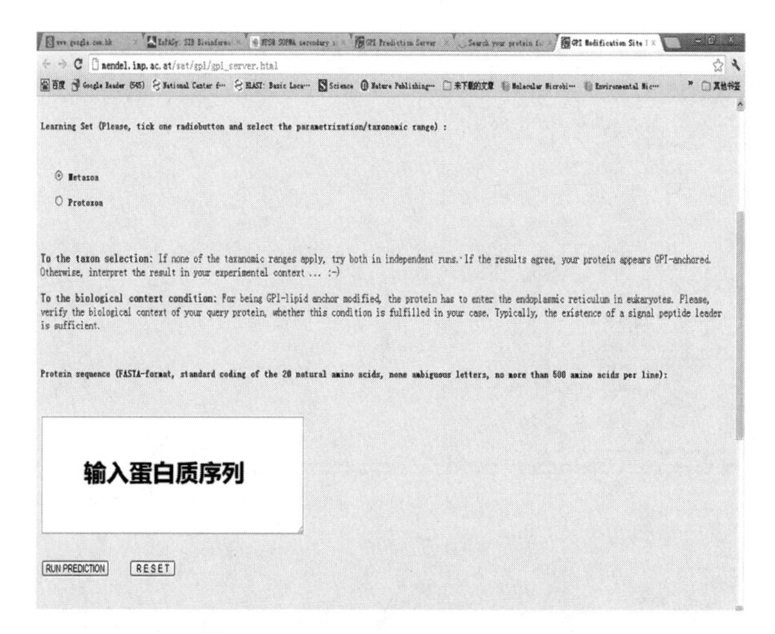

图 9-15 big-PI Predictor 工作界面

（4）分析结果（图 9-16）：所分析序列全长为 893 aa。序列中黑色标记的为糖磷脂酰肌醇锚定位点，分值最高，位点为 867 位。

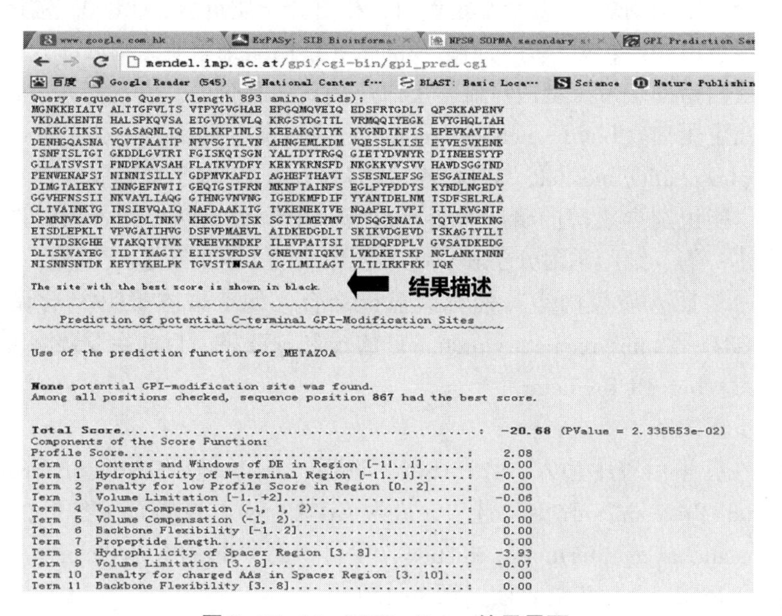

图 9-16 big-PI Predictor 结果界面

（五）蛋白质卷曲螺旋域分析

卷曲螺旋（Coiled coil）是存在于多种天然蛋白质中的一类由两股或两股以上α螺旋相互缠绕而形成的平行或反平行左手超螺旋结构的总称，这一概念最早由 Crick 于 1953 年提出。自然界中含有卷曲螺旋结构的蛋白质存在于多种高、低等生物钟，是纤维状蛋白质的主要结构模式，目前已发现 200 多种，在生物体的生命活动过程中起着重要的作用。最早被测出氨基酸序列的卷曲螺旋结构是原肌球蛋白，之后，这种卷曲螺旋结构相继在多种纤维蛋白和中间体纤丝中发现。这种结构模式简单而有规律的结构特点使之成为研究蛋白质折叠、相互作用、组装、设计以及结构预测等的理想模型。

目前，人们对卷曲螺旋结构的研究已逐渐从早期的对含卷曲螺旋的蛋白质结构的简单解析，发展到根据天然蛋白质中的卷曲螺旋结构来设计合成新的卷曲螺旋结构模型，并通过对其动态折叠过程的研究，来探讨这种特殊的蛋白质折叠模式对蛋白质构象的稳定性及结构特异性的作用，以及这种结构在工业、医药领域中的应用等。目前主要预测膜锚定蛋白的工具有很多，如表 9-3 所示。

表 9-3　蛋白质卷曲螺旋预测工具

工具	网站	备注
Coils	http://www.ch.embnet.org/software/COILS_form.html	主流的预测螺旋卷曲工具
Paircoil2	http://groups.csail.mit.edu/cb/paircoil2/paircoil2.html	由 MIT 大学开发的基于残基配对概率算法的预测工具
PEPCOIL	http://bioweb.pasteur.fr/seqanal/interfaces/pepcoil.html	由 EMBOSS 维护的预测卷曲螺旋程序，同 Coils 类似
SOCKET server	http://www.lifesci.sussex.ac.uk/research/woolfson/html/coiled-coils/socket/server.html	一个分析蛋白质结构中卷曲螺旋的工具，其输入数据格式为蛋白质结构数据
TRESPASSER	http://comp.chem.nottingham.ac.uk/cgi-bin/trespasser/trespasser.cgi	由 Nottingham 大学开发的亮氨酸拉链结构识别工具
2ZIP	http://2zip.molgen.mpg.de/index.html	预测蛋白质序列中潜在的亮氨酸拉链结构和卷曲螺旋

本实验主要介绍 coil 工具预测蛋白质的卷曲螺旋域。具体步骤如下。

（1）在搜索引擎中输入“ExPASy”，选择“ExPASy：SIB Bioinformatics Resource Portal-Proteomics Tools”选项，进入 ExPASy 工具栏界面（图 9-2）。选择“Post-translational modification prediction”项目中的“big-PI Predictor”选项，进入“big-PI Predictor”工具界面（图 9-17）。

（2）输入序列。

（3）提交，“RUN coils”。

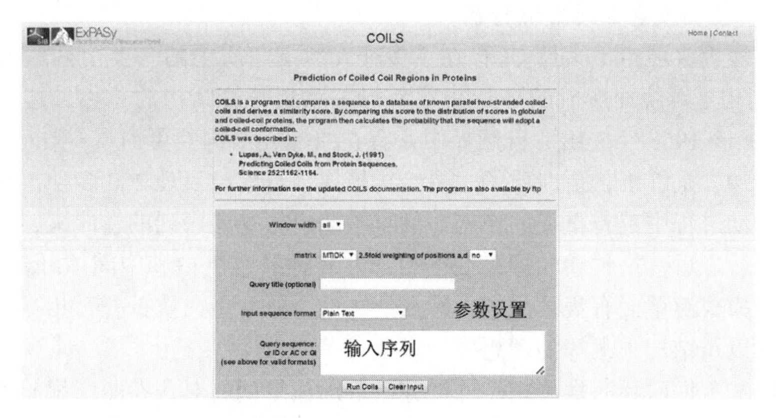

图 9-17　Coil 工作界面

（4）分析结果（图 9-18）：共 3 种算法进行预测，分别为 windows 14、windows 21、windows 28。图中横坐标表示的是氨基酸序列的位置，纵坐标表示的是不同位点可以形成 coil 的分值。当分值大于 0.6 时可以形成卷曲螺旋。

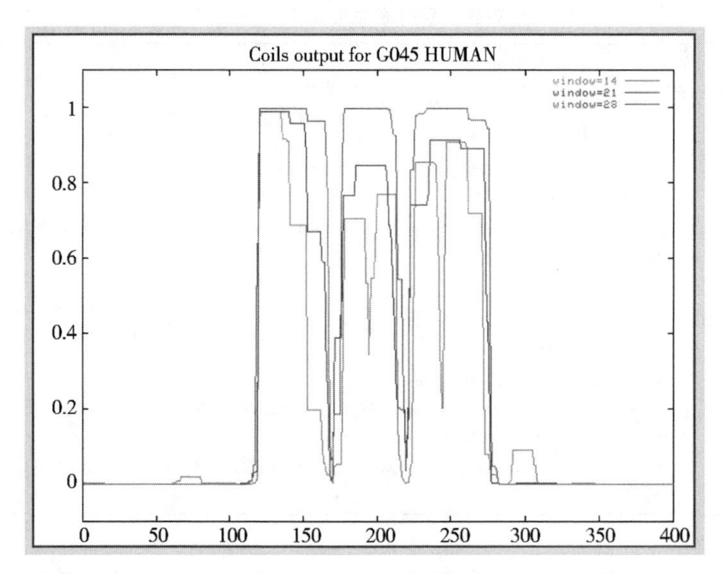

图 9-18　Coil 结果界面

（六）分析信号肽及其剪切位点

信号肽位于分泌蛋白的 N 端。一般由 15～30 个氨基酸组成。包括 3 个区：一个带正电的 N 末端，称为碱性氨基末端；一个中间疏水序列，以中性氨基酸为主，能够形成一段 d 螺旋结构，它是信号肽的主要功能区；一个较长的带负电荷的 C 末端，含小分子氨基酸，是信号序列切割位点，也称加工区。当信号肽序列合成后，被信号识别颗粒（SRP）所识别，蛋白质合成暂停或减缓，信号识别颗粒将核糖体携带至内质网上，蛋白质合成重新开始。在信号肽的引导下，新合成的蛋白质进入内质网腔，而信号肽序列则在信号肽酶的作用下被切除。如终止转运序列存在于新生肽链的 C 端，也可以不被信号肽酶切除，如卵清蛋白含有内部信号肽。它的前体与成熟形式都没有被信号肽酶切除的过程。其 N-端氨基酸结构在第 9 位有带电基团，疏水结构并不明显。目前主要预测信号肽切割位点的工具为 SignalP。

具体步骤如下。

（1）在搜索引擎中输入“ExPASy”，选择“ExPASy：SIB Bioinformatics Resource Portal-Proteomics Tools”选项，进入 ExPASy 工具栏界面（图 9-2）。选择“Post-translational modification prediction”项目中的“SignalP”选项，进入“SignalP”工具界面（图 9-19）。

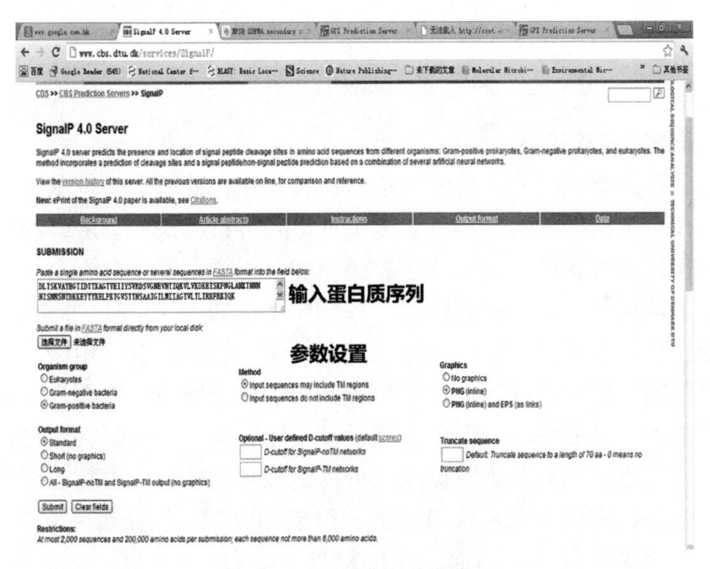

图 9-19　SignalP 工作界面

（2）输入序列；设置参数，主要包括物种信息；输入序列的格式；输出序列的格式等。

（3）提交，“Submit”。

（4）分析结果（图 9-20）：共 3 种算法进行预测，分别为 C-score、S-score、Y-score。C-score 预测的位置为 30 位，分值为 0.636；S-score 预测的位置为 30 位，分值为 0.535；Y-score 预测的位置为 25 位，分值为 0.583。图中横坐标表示的是氨基酸序列的位置，纵坐标表示的是预测出信号肽不同位点的分值。最终经过统计学分析，信号肽切割位点为 29~30 位，分值为 0.495。

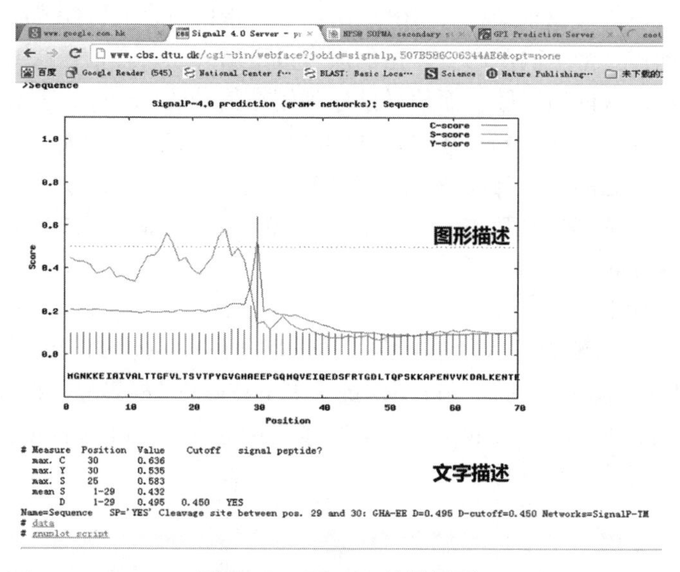

图 9-20　SignalP 结果界面

（七）分析糖链连接点

糖蛋白是蛋白与糖类的共价复合物，结合于蛋白肽链上的糖基少则 1 个，多则达数百。由于糖链结构的多样性、复杂性以及分析方法的局限，使得对糖链的研究远滞后于核酸与蛋白。已知许多膜蛋白和分泌蛋白都是糖蛋白，其分子上的糖链是重要的信息分子，承载着数倍于核酸、蛋白的生物信息。对糖链的认知有助于研究蛋白质功能和蛋白质在生命活动中的调控机制。在应用研究方面，众所周知，通过基因工程生产的治疗用蛋白类药物被寄予厚望，然而许多糖蛋白上的糖链由于不能达到必要的修饰而在免疫学和功能方面受到局限，这也使得研究者们不得不将目光更多地汇聚到对糖蛋白的糖链及各种糖链的生物功能研究上。寻求合适的糖链分析方法，深入认识糖链的组成和类型，以获得更多的知识积累，已经不可回避地摆在研究者面前。连接位点主要有 O-连接：丝氨酸、苏氨酸、羟赖氨酸的羟基，目前主要预测 O-连接位点的工具为 NetOGlyc；N-连接：天门冬酰氨的酰氨基，目前主要预测 N-连接位点的工具为 NetNGlyc。

1. NetOGlyc 工具分析 O-连接的糖链连接位点

具体步骤如下。

（1）在搜索引擎中输入“ExPASy”，选择“ExPASy：SIB Bioinformatics Resource Portal-Proteomics Tools”选项，进入 ExPASy 工具栏界面（图 9-2）。选择“Post-translational modification prediction”项目中的“NetOGlyc”选项，进入“NetOGlyc 3.1 Server”工具界面（图 9-21）。

（2）输入或上传“＊.fasta”序列。

图 9-21　NetOGlyc 工作界面

（3）提交，“Submit”。

（4）分析结果（图 9-22）：分析的序列长度为 893 aa，序列中共预测出 1 个 O-连接的糖链连接位点，为 T 氨基酸：“苏氨基酸”。

图 9-22　NetOGlyc 结果界面

2. NetNGlyc 工具分析 N-连接的糖链连接位点

具体步骤如下。

（1）在搜索引擎中输入“ExPASy”，选择“ExPASy：SIB Bioinformatics Resource Portal-Proteomics Tools”选项，进入 ExPASy 工具栏界面（图 9-2）。选择“Post-translational modification prediction”项目中的“NetNGlyc”选项，进入“NetNGlyc 1.0 Server”工具界面（图 9-23）。

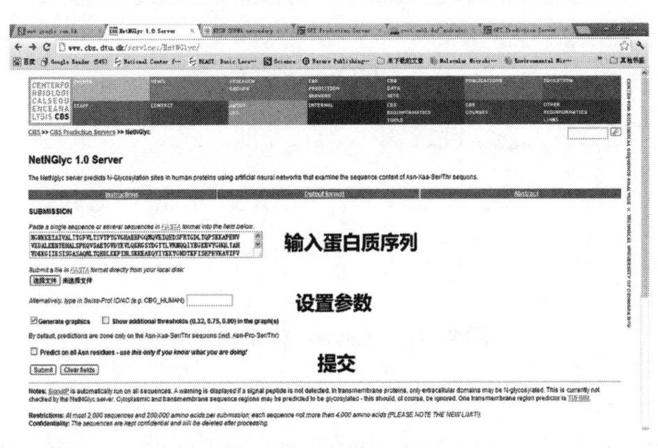

图 9-23　NetNGlyc 工作界面

（2）输入或上传“*.fasta”序列。

（3）提交，“Submit”。

（4）分析结果（图 9-24）：分析的序列长度为 893 aa，序列中共预测出 10 个 N-连接的糖链连接位点，为 N 氨基酸：“天冬酰胺”。同时还将预测的 N-连

图 9-24　NetNGlyc 工作界面

接的糖链连接位点进行了统计学分析，137 位、148 位、164 位、239 位、243 位等预测的 N-连接的糖链连接位点极显著或显著。

（八）分析蛋白质的亚细胞定位

随着人类基因组计划的实施和推进，生命科学研究已进入后基因组时代，生命科学的主要研究对象是功能基因组学，包括结构基因组研究和蛋白质组研究等。蛋白质组学试图诠释蛋白质在细胞中扮演的角色，揭示细胞环境中蛋白质之间的相互作用及其功能。蛋白质的功能与其在细胞中的定位有着密切的联系，新合成的蛋白质必须处于适当的亚细胞位置才能正确地行使其功能。预测蛋白质的亚细胞定位，在确定一个未知蛋白质的功能、了解蛋白质相互作用等方面有着重要的意义。

生物学研究表明，生物细胞是一个高度有序的结构，不同部位特定的蛋白质决定细胞内各部分的功能。蛋白质是基因功能的主要执行者，新合成的蛋白质必须处于适当的亚细胞位置才能正确地行使其功能。因此，蛋白质亚细胞定位对研究蛋白质的功能非常重要。细胞分馏法、电子显微法、荧光显微法等蛋白质亚细胞定位的传统实验方法会耗费大量的人力和物力，随着核酸和蛋白质序列等生物数据的迅速增长，以实验方法来确定蛋白质亚细胞定位已经远远不能满足研究的需要。因此，需要寻找一种快速准确的计算方法来预测蛋白质亚细胞定位。近年来，机器学习方法以其智能性、高适应性，在蛋白质亚细胞定位预测领域得到了广泛的应用。细胞生物学的研究表明，细胞是构成生命体的基本结构和执行功能的基本单位，是生物体进行正常生命活动的基础。根据空间分布和功能的不同，细胞可以分成多个细胞器或细胞区域，如细胞质、细胞核、高尔基体、线粒体、细胞膜和内质网等，这些细胞器被称为亚细胞，蛋白质在亚细胞中的位置又称为蛋白质的亚细胞定位，是蛋白质的重要特征之一。蛋白质经分选信号引导后被运输到特定的细胞器中，才能参与细胞的各种生命活动，如果其运送位置发生偏差，将会影响细胞功能甚至整个生物体。另外，蛋白质在细胞内并不是静止在某个区域，而是通过在不同区域之间的运动发挥作用。因此，了解蛋白质亚细胞定位能够确定未知蛋白质的功能。根据蛋白质亚细胞定位信息，还可以评价蛋白质相互作用水平，两条蛋白质如果位于同一个细胞器，那么它们发生相互作用的可能性将大大增强。此外，蛋白质亚细胞定位信息对于了解疾病的发生机理以及药物的开发都具有非常重要的作用。因此，蛋白质的亚细胞定位成为细胞生物学和分子生物学研究的一个重要问题。生物学研究表明，蛋白质序列决定结构，结构决定功能，针对目前新测的蛋白质序列的飞速增长，利用生物信息学方法从蛋白质的一级结构预测其亚细胞定位显得越来越重要。目前预测蛋白质亚细胞定位的主要工具为 PSORT。

具体步骤如下。

（1）在搜索引擎中输入“ExPASy”，选择“ExPASy：SIB Bioinformatics Resource Portal-Proteomics Tools”选项，进入 ExPASy 工具栏界面（图 9-2）。选择“Topology prediction”项目中的“PSORT”选项，进入“PSORT”界面（图 9-25 A），根据序列的特点选择合适的程序，PSORTb v. 3. 0：分析细菌和古菌的序列；WoLF PSORT：分析真核生物的序列；PSORT II：分析真核生物的序列；PSOTR：分析植物序列；iPSORT：分析真核生物 N-端分选信号的分类。选择“PSORTb v. 3. 0”程序后，进入“Submit a Sequence to PSORTb version 3. 0. 2”工具界面（图 9-25 B）。

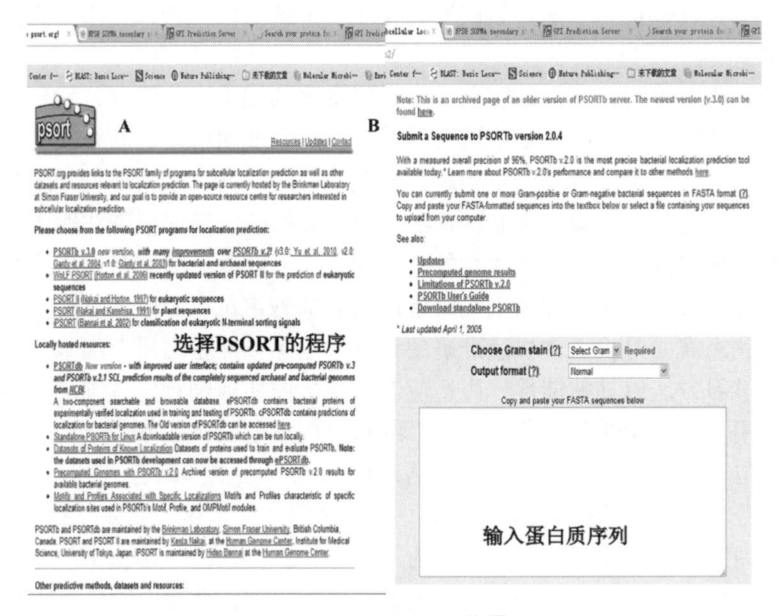

图 9-25　PSOTR 工作界面

（2）输入或上传“＊. fasta”序列，设置参数：选择物种信息“Choose an organism type”；选择菌株类型“Choose Gram strain”；菌株特点描述“Adbanced Gram stain”；输出格式“Output format”；结果显示“Show results”；信息发送地址“Email address”。

（3）提交，“Submit”。

（4）分析结果（图 9-26）：利用 HMMTOP+算法预测出 2 个向内的螺旋；该蛋白定位在细胞质内，分值为 0. 01；定位在细胞质膜上，分值为 0. 00；定位在细胞壁上，分值为 9. 48；定位在胞外，分值为 0. 50。最终预测结果为定位在细胞壁上，分值为 9. 48。

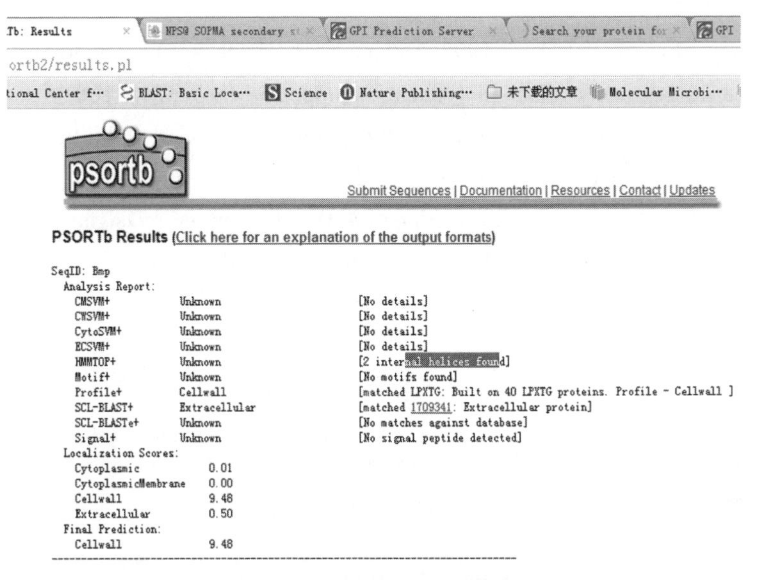

图 9-26　PSORT 结果界面

【作业】

1. 大麦 *Mlo* 基因编码的蛋白质是否是跨膜蛋白？
2. 预测人 *Nanog* 基因编码产物的亚细胞定位。
3. 人 *Nanog* 基因产物是否是糖蛋白？什么类型的糖蛋白？
4. 分析人 *Nanog* 基因产物的亲水性和疏水性。
5. 请分析蛋白质序列（WP_009608606）。请说明以下结果：亮氨酸、丝氨酸、半胱氨酸、苯丙氨酸、色氨酸的组成、平均亲水性、脂肪系数、分子式；是否有 GPI 的锚定位点，在第几位氨基酸上，氨基酸的名称是什么；是否有信号肽切割位点，在第几位氨基酸上进行切割；是否为糖蛋白，是什么连接型的糖蛋白；是否是跨膜蛋白，从内到外的跨膜螺旋有几个，从外到内的跨膜螺旋有几个？

【参考文献】

Biasini M, Bienert S, Waterhouse A, *et al.*, 2014. SWISS-MODEL: modelling protein tertiary and quaternary structure using evolutionary information [J]. Nucleic Acids Res, 42, W252-W258.

Gasteiger E, Hoogland C, Gattiker A, *et al.*, 2005. Protein identification and analysis tools on the ExPASy server [J]. The Proteomics Protocols Handbook,

571−607.

Hofmann K, Stoffel W, 1993. Tmbase − A database of membrane spanning proteins segments [J]. Biol Chem, Hoppe−Seyler, 374, 166.

Lupas A, Van Dyke M, Stock J, 1991. Predicting Coiled Coils from Protein Sequenc [J]. Science, 252, 1162−1164.

Thomas N, Petersen S, 2011. SignalP4.0: discriminating signal peptides from transmembrane regions [J]. Nat Methods, 8, 785−786.

第十章　蛋白质高级结构的预测

【概述】

蛋白质二级结构的预测通常被认为是蛋白结构预测的第一步，根据它们被预测的局部结构，对蛋白序列中的氨基酸进行分类。二级结构的预测方法通常分为多序列预测和单序列预测的方法。由于单序列预测所提供的信息只是残基的顺序，而没有其空间分布的信息，所以单序列预测的预测算法准确率并不高，而且对于一些特殊结构，这些算法很难预测成功。多序列预测和神经网络的应用大大提高了二级结构预测的准确度，通过对序列比对的预测可以明确提供单一位点在三维结构上的信息。通常这样的二级结构预测的准确率比单序列预测能够提高10%。据说许多方法可达到70%~77%，目前较为常用的几种方法有：PHD、PSIPRED、Jpred、PREDATOR、PSA。其中最常用的是PHD。PHD结合了许多神经网络的成果，每个结果都是根据局部序列上下文关系和整体蛋白质性质（蛋白质长度、氨基酸频率等）来预测残基的二级结构。那么，最终的预测是每个神经网络输出的算术平均值。这种结合方案被称为陪审团决定法（Jury decision）或者称为所有胜利者（Winner-take-all）法。PHD被认为是蛋白质二级结构预测的标准。

蛋白质三维结构的预测方法通常包括：同源性建模和从头开始的预测方法。对数据库中已知结构序列的比对是预测未知序列三级结构的主要方法，也是同源建模的方法。通常对于同源建模的方法过程并不统一，但基本思路是一致的，包括如下几个步骤：①使用未知序列作为查询来搜索已知蛋白质结构；②产生未知序列和模板序列最可能的完整比对；③以模板结构骨架作为模型，建立蛋白质骨架模型；④在靶序列或模板序列的空位区域，使用环建模过程代替合适长度的片段；⑤给骨架模型加上侧链；⑥优化侧链位置；⑦使用能量最小和已知的优化知识来优化结构。在进行序列比对时，最容易使用BLASTP程序比对NRL-3D或SCOP数据库中的序列。如果发现超过100个碱基长度且有远高于40%序列相同率的匹配序列，则未知序列蛋白与该匹配序列蛋白将有非常相似的结构。在这种情况下，同源性建模在预测该未知蛋白精细结构方面会有非常大的作用。同源性建模成功的关键通常不是建模使用的软件或服务器，而是在设计与模板结构好的比对时的技巧更为重要。

如果既没有找到一般的同源蛋白质，又没有找到远程同源蛋白质，那么如何进行结构预测呢？一种可行的办法就是充分利用现有数据库中的信息预测蛋白质的空间结构，或采用从头算法进行结构预测。蛋白质二级结构预测的基本依据是：每一段相邻的氨基酸残基形成一定二级结构的倾向。因此，进行二级结构预测需要通过统计和分析发现这些倾向或者规律，二级结构预测问题自然就成为模式分类和识别问题。蛋白质二级结构的组成规律性比较强，所有蛋白质中约85%的氨基酸残基处于3种基本二级结构状态（α螺旋、β折叠和转角），并且各种二级结构非均匀地分布在蛋白质中。有些蛋白质中含有大量的α螺旋，如血红蛋白和肌红蛋白，而另外一些蛋白质中则不含或仅含很少的α螺旋，如铁氧蛋白，有些蛋白质的二级结构以β折叠为主，如免疫球蛋白。二级结构预测的目标是判断每一个氨基酸残基是否处于α螺旋、β折叠、转角（或其他状态）之一的二级结构态，即三态。至今人们已经发展了几十种预测方法。

蛋白质二级结构的预测开始于20世纪60年代中期。二级结构预测的方法大体分为三代。第一代是基于单个氨基酸残基统计分析，从有限的数据集中提取各种残基形成特定二级结构的倾向，以此作为二级结构预测的依据。第二代预测方法是基于氨基酸片段的统计分析，使用大量的数据作为统计基础，统计的对象不再是单个氨基酸残基，而是氨基酸片段，片段的长度通常为11~21个氨基酸，片段体现了中心残基所处的环境。在预测中心残基的二级结构时，以残基在特定环境中形成特定二级结构的倾向作为预测依据。这些算法可以归为以下几类：①基于统计信息；②基于物理化学性质；③基于序列模式；④基于多层神经网络；⑤基于图论；⑥基于多元统计；⑦基于机器学习的专家规则；⑧最邻近算法。第一代和第二代测序方法有一个共同缺陷，就是它们对三态预测的准确率都低于70%，而对β折叠预测的准确率仅为28%~48%，其主要原因是这些方法在进行二级结构预测时只利用局部信息，最多只用局部的20个残基信息进行预测。二级结构预测的实验结果和晶体结构统计分析都表明，二级结构的形成并非完全由局部的序列片段决定，它们之间的相互作用也不容忽视。蛋白质的二级结构在一定程度上受远程残基的影响，尤其是β折叠。从理论上来说，局部信息仅包含二级结构信息的65%左右，因此可以想象，只用局部信息的二级结构预测方法，其准确率不会有太大的提高。二级结构预测的第三代方法是运用蛋白质序列的长度信息和进化信息来进行预测，使二级结构预测的准确程度有了比较大的提高，特别是对β折叠的预测准确率有了较大的提高，预测结果与实验观察趋于一致。

一般75%的氨基酸残基可以被置换而不改变蛋白质的结构，然而，有时改变几个关键残基则可能导致蛋白质结构的破坏。这好像是两个矛盾的结论，但解释又非常简单。一个蛋白质在其进化过程中探查了每个位置上氨基酸可能的与不可能的变化，不可能变化的部分是进化保守区域。可变部分的变化不改变结构，而不可变部分的变化则改变蛋白质的结构，由此失去蛋白质原有的功能，因而也就难以延续下去。这些不可变部分体现了蛋白质功能对结构的特定要求。这样从一个蛋白质家族中提取的残基替换模式高度反映了该家族特异的结构。通过序列的比对可以得到蛋白质序列的进化信息，得到蛋白质家族中的特定残基替换模式，此外，通过序列的比对也可以得到长度信息。目前，许多二级结构预测的算法是基于序列比对的，通过序列比对可以计算出目标序列（待预测二级结构的序列）中每个氨基酸的保守程度。对于二级结构三态（α，β，none）预测准确率首先达到70%的方法是基于统计的神经网络方法PHDsec。PHDsec利用通过多重序列比对得到的进化信息作为神经网络的输入，另外采用了一个全局的描述子，即所有氨基酸组成（20种氨基酸中每个所占的比例）作为蛋白质序列的全局信息。这类算法预测的准确率能达到70%~75%。

各种方法预测的准确率随蛋白质类型的不同而不同。例如，一种预测方法在某些情况下预测的准确率能够达到90%，而在最差的情况下仅达到50%，甚至更低。在实际应用中究竟使用哪一种方法，还需根据具体情况。虽然二级结构预测的准确性有待提高，但其预测结果仍能提供许多结构信息，尤其是当一个蛋白质的真实结构尚未解出时更是如此。通过对多种方法预测结果的综合分析，再结合实验数据，往往可以提高预测的准确度。二级结构预测通常作为蛋白质空间结构预测的第一步。例如，二级结构预测是内部折叠、内部残基距离预测的基础。更进一步，二级结构预测可以作为其他工作的基础。例如，用于推测蛋白质的功能，预测蛋白质的结合位点等。

二级结构的预测方法介绍如下。① Chou-Fasman算法：是单序列预测方法中的一种，它是使用氨基酸物理化学数据中派生出来的规律来预测二级结构。首先统计出20种氨基酸出现在α螺旋、β折叠和无规则卷曲中的频率的大小，然后计算出每一种氨基酸在这几种构象中的构象参数Px。构象参数值的大小反映了该种残基出现在某种构象中的倾向性的大小。按照构象参数值的大小可以把氨基酸分为6个组：Ha（强螺旋形成者）、ha（螺旋形成者）、Ia（弱螺旋形成者）、ia（螺旋形成不敏感者）、ba（螺旋中断者）、Ba（强螺旋中断者）。Chou和Fasman根据残基的倾向性因子提出二级结构预测的经验规则，要点是沿蛋白质序列寻找二级结构的成核位点和终止位点。这种方法可能能够正确反映蛋白质二级结构的形成过程，但预测成功率并不高，仅有50%左右。② GOR算法：也是单序列预测方法中的一种，因其作者Garnier、Osguthorpe和Robson而得名。这种方法是以信息论为基础的，也属于统计学方法的一种，GOR方法不仅考虑被预测位置本身氨基酸残基种类对该位置构象的影响，还考虑到相邻残基种类对该位置构象的影响。这样使预测的成功率提高到65%左右。GOR方法的优点是物理意义清楚明确，数学表达严格，而且很容易写出相应的计算机程序，但缺点是表达式复杂。③多序列列线预测：对序列进行多序列比对，并利用多序列比对的信息进行结构预测。调查者可找到和未知序列相似的序列家族，然后假设序列家族中的同源区有同样的二级结构，预测不是基于一个序列而是一组序列中的所有序列的一致序列。④基于神经网络的序列预测：利用神经网络的方法进行序列的预测，BP（Back-Propagation Network）网络即反馈式神经网络算法，是目前二级结构预测应用最广的神经网络算法，它通常是由 3 层相同的神经元构成的层状网络，使用反馈式学习规则，底层为输入层，中间为隐含层，顶层是输出层，信号在相邻各层间逐层传递，不相邻的各层间无联系，在学习过程中根据输入的一级结构和二级结构关系的信息不断调整各单元之间的权重，最终目标是找到一种好的输入与输出的映象，并对未知二级结构的蛋白质进行预测。神经网络方法的优点是应用方便，获得的结果较快、较好，主要缺点是没有反映蛋白质的物理和化学特性，而且利用大量的可调参数，使结果不易理解。许多预测程序如 PHD、PSIPRED 等均结合了神经网络的计算方法。基于已有知识的预测方法（Knowledge based method）：这类预测方法包括 Lim 和 Cohen 两种方法。Lim 方法是一种物理化学的方法，它根据氨基酸残基的物理化学性质，包括：疏水性、亲水性、带电性以及体积大小等，并考虑残基之间的相互作用而制订出的一套预测规则。对于小于 50 个氨基酸残基的肽链，Lim 方法的预测准确率可以达到 73%。另一种是 Cohen 方法，它当时是为了 α/β 蛋白的预测而提出，基本原理：疏水性残基决定了二级结构的相对位置，螺旋亚单元或扩展单元是结构域的核心，α 螺旋和 β 折叠组成结构域。混合方法（Hybrid system method）：将以上几种方法选择性地混合使用，并调整他们之间使用的权重，可以提高预测的准确率，目前预测准确率在 70%以上的都是混合方法，其中，同源性比较方法、神经网络方法和 GOR 方法应用最为广泛。

三级结构的预测。同源性建模：假设对已知结构的另一个蛋白质序列来排列一个蛋白质的序列，如果靶序列和已知结构序列在整个序列的全长有很高的相似性，在合理的信任度上，我们可以使用已知结构作为靶蛋白质的模板。“串线（Threading）”算法：串线结构分析是试图把未知的氨基酸序列和各种已存在的三维结构相匹配，并评估序列折叠成那种结构的合适度。串线法最适用于折叠（Fold）的识别，而不是模型的建立。它是快速用未知序列的氨基酸侧链替换已知序列中的氨基酸位置。Jones 等首先从蛋白质结构数据库中挑选蛋白质结构建立折叠子数据库，以折叠子数据库中的折叠结构作为模板，将目标序列与这些模板一一匹配，通过计算打分函数值判断匹配程度，根据打分值给模板结构排序，其中打分最高的被认为是目标序列最可能采取的折叠结构。Threading 方法的难点在于序列与折叠结构的匹配技术和打分函数的确定。

【实验目的】

1. 熟悉 ExPASy 数据库。
2. 能够熟练使用 ExPASy 进行蛋白质的结构和功能进行预测。

【实验内容】

二级结构是指 α 螺旋和 β 折叠等规则的蛋白质局部结构组件。不同的氨基酸残基对于形成不同的二级结构组件具有不同的倾向性。按蛋白质中二级结构的成分可以把球形蛋白分为全 α 蛋白、全 β 蛋白、α+β 蛋白和 α/β 蛋白等 4 个折叠类型。预测蛋白质二级结构的算法大多以已知三维结构和二级结构的蛋白质为依据，用人工神经网络、遗传算法等技术构建预测蛋白质的二级结构，或将多种预测方法结合起来获得“一致序列”。

蛋白质三维结构预测是最复杂和最困难的预测技术。研究发现，序列差异较大的蛋白质序列也可能折叠成类似的三维构象。自然界里的蛋白质结构骨架的多样性远少于蛋白质序列的多样性。由于蛋白质的折叠过程仍然不十分明了，从理论上解决蛋白质折叠的问题还有待进一步的科学发展，但也有一些有一定作用的三维结构预测方法。最常见的是“同源建模”和“Threading”方法。前者先在蛋白质结构数据库中寻找未知结构蛋白的同源伙伴，再利用一定计算方法把同源蛋白的结构优化构建出预测的结果。后者将序列“穿”入已知的各种蛋白质的折叠子骨架内，计算出未知结构序列折叠成各种已知折叠子的可能性，由此为预测序列分配最合适的折叠子结构。除了“Threading”方法之外，用 PSI-BLAST 方法也可以把查询序列分配到合适的蛋白质折叠家族。

【实验仪器、设备及材料】

装有 Windows XP、Windows 2000 或 Windows 7 及以上操作系统的计算机。

【实验原理】

蛋白质结构的预测过程是个非常复杂的多步过程，整个过程涉及多项工具。不同类别的蛋白质，例如膜蛋白与可溶蛋白由于不同的理化性质，可能需要不同的预测方法。一个蛋白质可能有多个功能结构域（Domain），要直接预测具有多个结构域的蛋白质不大可能，因为 PDB 库中可能没有相应的模板。观察表明，在很大程度上，一个蛋白质的各结构域的折叠方式不依赖于其他结构域的折叠方式，因此，每个结构域的结构可以单独预测（Wetlaufer，1978）。于是如何在一个蛋白质序列定位各个 domain 的边界也成为结构预测的一个问题。有些蛋白质序列可能包含信号肽，它们与蛋白质结构信息无关，所以可以切除。

进行蛋白质的结构预测，也可以仿照以下流程进行。

（1）通过 Sigal P 预测信号肽；

（2）通过 ProDom 划分 domain；

（3）通过 PSI-BLAST 搜索同源；

（4）通过 SOSUI 预测膜蛋白和跨膜区；

（5）利用 PROSPECT 的内部程序 SSP 预测二级结构；

（6）利用 PROSPECT 对蛋白质作 threading；

（7）利用 MODELLER 构造结构模型；

（8）利用 WHATCHECK/CHATIF 评估模型的质量；

（9）利用 raswin 查看预测结果；

（10）总结：虽然 PROSPECT 流程在没有人为干预的情况下通常会正常运行，但是我们可以使用多种生物信息学方法和人为的判断去获得更多的功能信息，使得预测的结果更为准确。

这包括人为评估 PROSPECT 结果，选择适当的模板以及人工依据得到的结构来预测其功能。

（1）加强人工模板选择：当 PROSPECT 预测结果的置信度很低（通常是 z-score 小于 8）时，人为评估结果选择模板就非常有用。人工评估不但依靠流程的结果，也需要选择的各个模板结构功能信息，这就要通过对数据库和文献进行检索。对原序列进行数据库的检索，为最终准确确定其功能提供重要依据。一个蛋白质序列通常会在蛋白数据库中检索到，如 SWISSPROT 数据库。SWISSPROT 数据库是现今最为全面的蛋白序列数据库。其中的所有序列条目都经过有经验的分子生物学专家和蛋白质化学家通过计算机工具并查阅有关文献资料仔细核实，进行蛋白质序列的搜集、整理、分析、注释、发布，力图提供高质量的蛋白质序列和注释信息。SWISSPROT 数据库中的每个条目都有详细的注释，包括结构域、功能位点、跨膜区、翻译后修饰、突变体。我们的操作流程是：第一步，通过 PSI-BLAST 对原序列（Query）在 SWISSPROT 数据库中进行相似功能已知序列的搜索（按照 E 值排列顺序）；第二步，对搜索到功能相似度最高的库中序列进行功能“注释”，即在 SWISSPROT 服务器上通过其蛋白序列编号搜索对应蛋白质的功能信息和关键字。当搜索到的蛋白质是酶时，记录下其国际编号（EC 编号）；第三步，对于每个结构域（Domain），PROSPECT 给出了相应的模板（Template），提取模板的前 20 名，按其 PDB 编号在 PDB 服务器上搜索模板的功能信息，如果在第二步中搜索的是酶，则通过酶结构数据库将 PDB 编号转为 EC 编号；第四步，将第三步得到模板的功能信息与第二步得到相似序列的功能信息比较，功能最为相近的选为模板，如果是酶要求至少 EC 编号的前两个数字一致。

（2）依据结构进行功能注释：根据预测的 fold 进行功能注释，虽然具有相同 fold 的蛋白质可能不会具有相同的功能，但它们一般都有相同的进化起源。当 Z-score 很高时，序列和模板具有相同的 family 或 superfamily；当 Z-score 不是很高时，序列和模板具有相同的 fold。我们可以通过相应的 family、superfamily 或 fold 来搜索确定功能信息。

【实验步骤】

（一）蛋白质二级结构预测

蛋白质二级结构的预测通常被认为是蛋白结构预测的第一步，二级结构是指 α 螺旋和 β 折叠等规则的蛋白质局部结构元件。不同的氨基酸残基对于形成不同的二级结构元件具有不同的倾向性。按蛋白质中二级结构的成分可以把球形蛋白分为全 α 蛋白、全 β 蛋白、α+β 蛋白和 α/β 蛋白等 4 个折叠类型。预测蛋白质二级结构的算法大多以已知三维结构和二级结构的蛋白质为依据，用神经网络、遗传算法等技术构建预测方法。目前较为常用的几种方法如表 10-1 所示。

表 10-1　蛋白质二级结构分析工具

工具	网站	备注
BCM Search Launcher	http://searchlauncher.bcm.tmc.edu/	包括了常见的蛋白质结构分析程序入口，一般分析可以以此服务器作为起点
HNN	http://npsa-pbil.ibcp.fr/cgi-bin/npsa_automat.pl?page=npsa_nn.html	基于神经网络的分析工具，含序列到结构过程和结构到结构处理
Jpred	http://www.compbio.dundee.ac.uk/~www-jpred/submit.html	基于 Jnet 神经网络的分析程序，并采用 PSI-BLAST 来构建序列 Profile 进行预测，对于序列较短、结构单一的蛋白预测较好
nnPredict	http://alexander.compbio.ucsf.edu/~nomi/nnpredict.html	预测蛋白质序列中潜在的亮氨酸拉链结构和卷曲螺旋
NNSSP	http://bioweb.pasteur.fr/seqanal/interfaces/nnssp-simple.html	基于双层前反馈神经网络为算法，还考虑到蛋白质结构分类信息
PREDATOR	http://bioweb.pasteur.fr/seqanal/interfaces/predator-simple.html	预测时考虑了氨基酸残基间的氢键
PredictProtein	http://www.predictprotein.org/	提供多项蛋白质性质分析，并有较好的准确性
Prof	http://www.aber.ac.uk/~phiwww/prof/	基于多重序列比对预测工具
PSIpred	http://bioinf.cs.ucl.ac.uk/psipred/psiform.html	提供跨膜蛋白拓扑结构预测和蛋白 profile 折叠结构识别工具
SOPMA	http://npsa-pbil.ibcp.fr/cgi-bin/npsa_automat.pl?page=npsa_sopma.html	可以比较各种分析方法得到的结果，也可输出“一致性结果”
SSPRED	http://coot.embl.de/~fmilpetz/SSPRED/sspred.html	基于数据库搜索相似蛋白并构建多重序列比对

本实验主要介绍SOPMA工具预测蛋白质二级结构，SOPMA采用了5种方法对蛋白质二级结构进行预测，然后将结果优化组合，汇集整理成一个结果。5种方法包括：GOR（Garnier-Gibrat-Robson）方法；Levin同源预测方法，双重预测方法；PredictProtein中的PHD方法，SOPMA方法。SOPMA用这些方法建立已知二级结构的蛋白数据库，库中的每个蛋白都经过二级结构预测，然后用从库中得到的信息对查询序列进行二级结构预测。SOPMA分析的结果分为4个部分：①整个序列上的各种氨基酸可能的二级结构；②整个序列上的各种氨基酸的含量；③整个序列上的二级结构直方图；④整个序列上的二级结构分布曲线。具体步骤如下。

（1）在搜索引擎中输入“ExPASy”，选择“ExPASy：SIB Bioinformatics Resource Portal-Proteomics Tools”选项，进入ExPASy工具栏界面（图9-2）。选择“Tertiary structure Tertiary structure analysis”项目中的“SOPMA”选项，进入“SOPMA”界面（图10-1）。

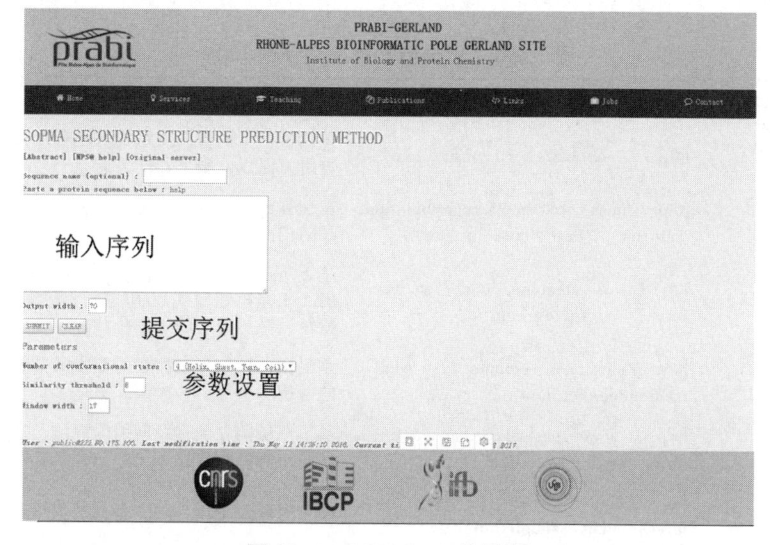

图10-1 SOPMA工作界面

（2）输入或上传“＊.fasta”格式序列，设置参数：构象数量“Number of conformational states”；相似性阈值“Similarity threshold”；序列分析步长“Window width”。

（3）提交，“Submit”。

（4）分析结果（图10-2）：分析的序列长度为533 aa，序列中210 aa能够形成α螺旋（Hh），占总序列的39.4%；120 aa可以形成延伸链（Ee），占总序列的22.51%；35 aa能够形成β转角（Tt），占总序列的6.57%；168 aa可以形成随机螺旋（Cc），占总序列的 31.52%。

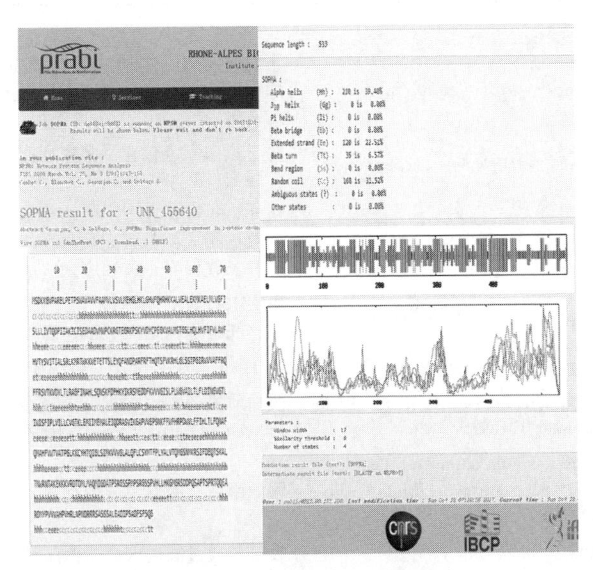

图 10-2　SOPMA 结果界面

（二）蛋白质结构域的预测

目前能够预测分析蛋白三级结构的工具很多（表 10-2），本实验主要介绍 SWISS - MODEL 工具。CDD，保守结构域数据库（Conserved Domain Database）是 NCBI Entrez 查询和检索系统的一部分，并且也能够通过 http://www.ncbi.nlm.nih.gov/Structure/cdd/cdd.shtml 访问。CDD 提供了带有保守结构域足迹定位和从这些足迹中推断的功能位点的蛋白质序列注释。预计算的注释可以通过 Entrez 获得，交互式搜索服务接受单条蛋白质或核苷酸查询以及蛋白质查询序列的批量提交，利用 RPS-BLAST 来快速鉴定推断的匹配。CDD 结合了几个蛋白质结构域和全长蛋白质模型数据，并维护了一个旨在提供蛋白质结构域家族的精细分类的数据库，其数据由可用的蛋白质三维结构和已发表的文献支持。迄今为止，大多数蛋白质三维结构都是由 CDD 追踪的模型表征，CDD 正在描绘从蛋白质结构中出现的新家族。

表 10-2　蛋白质二级结构分析工具

工具	网站	备注
CDD	http://www.ncbi.nlm.nih.gov/sites/entrez?db=cdd	通过比较目标序列和一组位置特异性打分矩阵进行 RPS-BLAST 来确定目标序列中的保守结构域
MAP	http://expasy.org/sprot/hamap/families.html	通过专家预测系统产生的微生物家族同源蛋白数据

（续表）

工具	网站	备注
InterPro	http://www.ebi.ac.uk/interpro/	蛋白质家族、结构域和功能位点的联合资源数据库，整合了多个数据库和工具的结果，并提供相应的链接
Pfam	http://pfam.sanger.ac.uk/	每个蛋白家族包含了多序列比对、profile-HMMs 和注释文件
ProDom	http://prodom.prabi.fr/	从 SWISS-PROT/TrEMBL 数据库中的非片段蛋白序列数据构成，每条记录包含一个同源结构域多重比对和家族保守一致性序列
SMART	http://smart.embl-heidelberg.de/	由 EMBL 建立，集成了大部分已知蛋白功能域数据，注释包括功能类型、三维结构、分类信息
TIGRFAMs	http://www.tigr.org/TIGRFAMs/	由 TIGR 实验室维护的蛋白质家族和结构域数据库
PRINTS	http://umber.sbs.man.ac.uk/db-browser/PRINTS/	蛋白质模体指纹数据库，提供了 FingerPRINTScan、FPScan 和 GRAPHScan 等指纹识别工具
DOMO	http://srs.im.ac.cn/srs71bin/cgi-bin/wgetz?-page+LibInfo+-lib+DOMO	同源蛋白结构域家族数据库，有多个镜像网站
BLOCKS	http://blocks.fhcrc.org/	收录了通过高度保守蛋白区域比对出的无空位片段
eMOTIF	http://motif.stanford.edu/distributions/emotif/	由斯坦福大学维护。从 BLOCKS+数据库和 PRINTS 数据库中收集了生物功能高度保守的高特异性蛋白序列

SWISS-MODEL 具体分析步骤如下。

（1）在搜索引擎中输入“NCBI”，选择“protein”选项，选择“CDD”选项，选择“CD-Search”，进入“CDD”工作界面（图 10-3）。

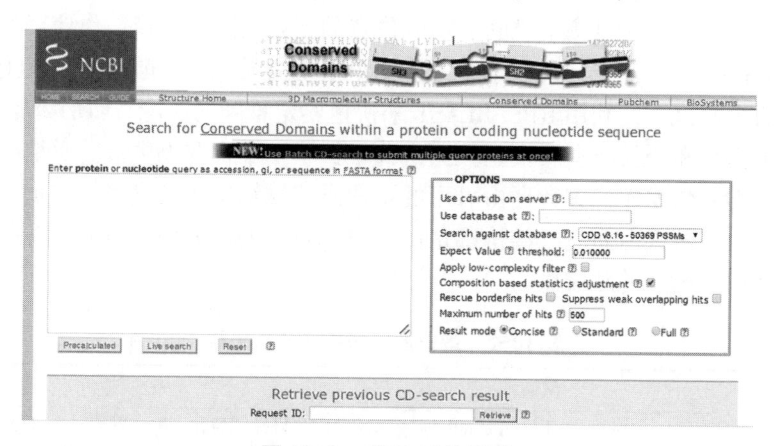

图 10-3　CDD 工作界面

（2）输入或上传“*.fasta”序列。

（3）提交，“Precalculated”。

（4）分析结果（图 10-4）：分析的序列长度为 371 aa，共预测出两个保守结构域，分别为“Inhibitor_129 superfamily”和“Peptidase_C1 superfamily”。

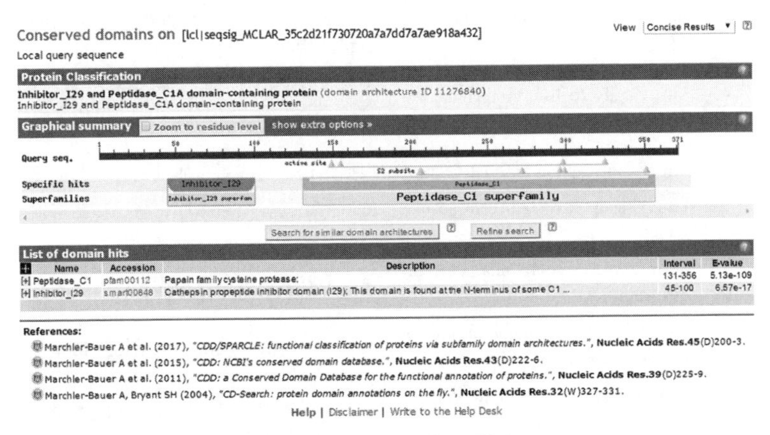

图 10-4　CDD 结果界面

（三）蛋白质三级结构预测

目前能够预测分析蛋白质三级结构的工具很多（表 10-3），本实验主要介绍 SWISS-MODEL 工具。SWISS-MODEL 是一个自动化的蛋白质比较建模服务器，该服务器提供用户 3 种模式可选择。① Automatic mode（简捷模式）：用于建模的氨基酸序列或是 Swiss-Prot/TrEMBL（http：//www. expasy. org/sprot），编目号（accession）可以直接通过 web 界面提交。服务器会完全自动地为目标序列建立模型。用户可以选择指定模板结构，模板可以来自由 PDB 数据库（http：//www. pdb. org）抽取得到的内建模板库，也可以上传 PDB 格式的坐标文件。② Alignment mode（联配模式）：这个模式需要多序列联配的结果，序列中至少包括目标序列和模板（最多可输入 5 条序列）。服务器会基于比对结果建模，用户需要指明哪一条序列作为目标序列，哪一条又作为模板。③ Project mode（项目模式）：这种模式允许用户提交经过手工优化的请求给服务器。Deep View 被用来建立一个项目文件，它包含模板结构，以及目标序列与模板的联配结果。这个结果也要上传到服务器。

表 10-3　蛋白质三级结构分析工具

数据库	网站	备注
PDB	http：//www. rcsb. org/pdb/home/home.do	主要的蛋白质三维结构数据库
MMDB	http：//www. ncbi. nlm. nih. gov/Structure/MMDB/mmdb.shtml	NCBI 维护的蛋白质结构数据库

（续表）

数据库	网站	备注
Psdb	http://www.psc.edu/~deerfiel/PSdb/	从PDB和NRL-3D数据库中衍生出的数据库，含二级结构和三维结构信息
3DinSight	http://gibk26.bse.kyutech.ac.jp/jouhou/3dinsight/3DinSight.html	整合了结构、性质（氨基酸组成、热力学参数等）、生物学功能（突变点，相互作用等）的综合数据库
FSSP	http://www.ebi.ac.uk/dali//fssp/	根据结构比对的蛋白质结构分类数据库
SCOP	http://scop.mrc-lmb.cam.ac.uk/scop/	蛋白质结构分类数据库，将已知结构蛋白进行有层次的分类
CATH	http://www.cathdb.info/latest/index.html	另一个有名的蛋白质结构和结构域主要结构分类库
MODBASE	http://modbase.compbio.ucsf.edu/modbase-cgi/index.cgi	用同源比对法生成的模型结构数据库
Enzyme Structure	http://www.ebi.ac.uk/thornton-srv/databases/enzymes/	从PDB数据库中整理已知结构的酶蛋白数据库
HSSP	http://www.sander.ebi.ac.uk/hssp/	根据同源性蛋白质结构数据库
PSI-BLAST	http://www.ncbi.nlm.nih.gov/BLAST/	位置特异性叠代BLAST，可用来搜索远源家族序列
FASTA3	http://www.ebi.ac.uk/fasta33/	位于EBI的序列比对工具
SSEARCH	http://vega.igh.cnrs.fr/bin/ssearch-guess.cgi	采用Smith/Waterman法来进行序列比对
ClustalW	http://www.ebi.ac.uk/Tools/clustalw/index.html	多序列比对工具，位于EBI
T-Coffee	http://www.ebi.ac.uk/t-coffee/	用多种方法（如ClustalW、DIalign等）来构建多序列比对
Multalin	http://bioinfo.genopole-toulouse.prd.fr/multalin/multalin.html	一个老牌的多序列比对工具
Dali	http://www.ebi.ac.uk/dali/	三维结构比对网络服务器
VAST	http://www.ncbi.nlm.nih.gov/Structure/VAST/vast.shtml	基于向量并列分析算法的三维结构比对工具
SAM-T99	http://www.soe.ucsc.edu/research/compbio/sam.html	用HMM法搜索蛋白质远源同源序列
SWISS-MODEL	http://swissmodel.expasy.org/	完整建模程序，采用同源性鉴定来确定模板蛋白，用户也可以自定义模板进行分析
CPHmodels	http://www.cbs.dtu.dk/services/CPHmodels/	基于神经网络的同源建模工具，用户只需提交序列，无高级选项
EsyPred3D	http://www.fundp.ac.be/urbm/bioinfo/esypred/	采用神经网络来提高同源建模准确性的预测工具
3Djigsaw	http://www.bmm.icnet.uk/servers/3djigsaw/	根据同源已知结构蛋白来建模的预测工具
MODELLER	http://www.salilab.org/modeller/	一个广泛使用的同源建模软件，需要用户对脚本有一定的了解

SWISS-MODEL 具体分析步骤如下。

（1）在搜索引擎中输入“ExPASy”，选择“ExPASy：SIB Bioinformatics Resource Portal-Proteomics Tools”选项，进入 ExPASy 工具栏界面（图 9-2）。选择“Tertiary structure prediction”项目中的“SWISS-MODEL”选项，点击“Start Modelling”选项，进入“SWISS-MODEL”界面（图 10-5）。

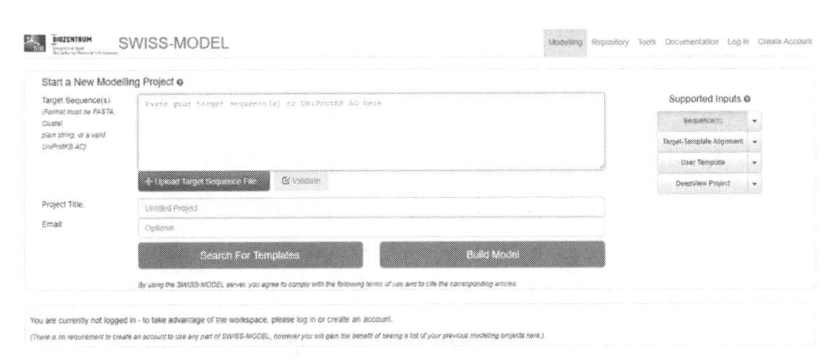

图 10-5　SWISS-MODEL 工作界面

（2）输入或上传“*.fasta”序列。

（3）提交，“Build Model”。

（4）分析结果（图 10-6）：分析的序列长度为 533 aa，序列中 210 aa 能够形成 α 螺旋（Hh），占总序列的 39.4%；120 aa 可以形成延伸链（Ee），占总序列的 22.51%；35 aa 能够形成 β 转角（Tt），占总序列的 6.57%；168 aa 可以形成随机螺旋（Cc），占总序列的 31.52%。

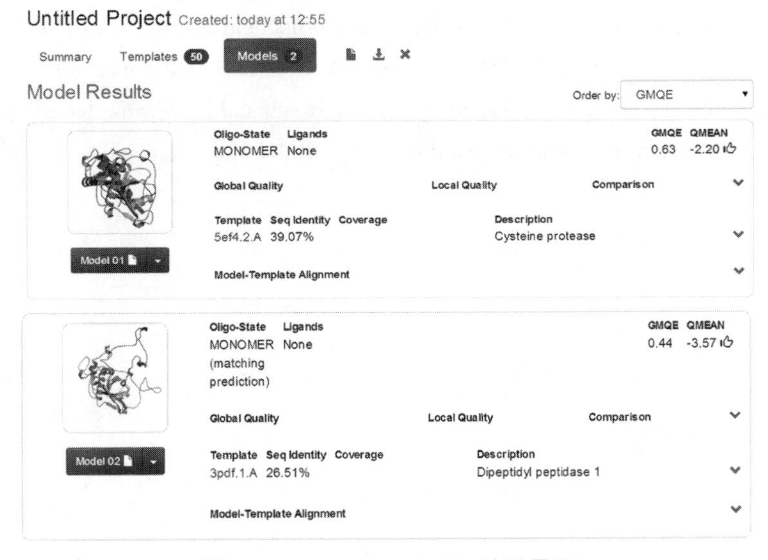

图 10-6　SWISS-MODEL 结果界面

【作业】

1. 请预测 P02699 的二级结构。
2. 请预测 P02699 的保守结构域。
3. 请构建 P02699 的三级结构。

【参考文献】

Aloy P, Pichaud M, Russell R B, 2005. Protein complexes: structure prediction challenges for the 21st century [J]. Curr Opin Struct Biol, 15 (1): 15-22.

Chandrasekaran A, Srinivasan A, Raman R, *et al.*, 2008. Glycan topology determines human adaptation of avian H_5N_1 virus hemagglutinin [J]. Nat Biotechnol, 26 (1): 107-113.

Liu X, Zhao Y P, 2010. Switch region for pathogenic structural change in conformational disease ana s Prediction [J]. PLoS One, 5 (1): e8441.

Malik A, Firoz A, Jha V, *et al.*, 2010. PROCARB: A database of known and modelled carbohydrate- binding protein structures with sequence-based prediction tools [J]. Adv Bioinformatics: 436036.

Pal D, Eisenberg D, 2005. Inference of protein function from protein structure [J]. Structure, 13 (1): 121-130.

Wong E, Thackray A M, Bujdoso R, 2004. Copper induces increased beta-sheet content in the scrapie-susceptible ovine prion protein PrPVRQ compared with the resistant allelic variant PrPARR [J]. Biochem J, 380 (1): 273-282.

Zhang L, Li W, Song L, *et al.*, 2010. A towards-multidimensional screening approach to predict candidate genes of rheumatoid arthritis based on SNP, structural and functional annotations [J]. BMC Med Genomics, 3: 38.

第十一章　核酸序列的其他分析

【概述】

BioEdit 是一个序列编辑器与分析工具。功能包括：序列编辑、外挂分析程序、RNA 分析、寻找特征序列、支持超过 20 000 个序列的多序列文件、基本序列处理功能、质粒图绘制等。BioEdit 生物序列编辑器可在 Windows 7 及以上版本中运行。BioEdit 的主要目的是为那些不愿意详细了解一个程序使用方法的生物学家提供一个有用的工具。BioEdit 界面直观易懂，以菜单式的方式呈现，提供大量的图示，为用户提供一个友好的交互式图形界面。

Primer 是加拿大 Premier 公司推出的一款专业的引物设计软件，利用它的高级引物索引、引物数据库、巢式引物设计、引物编辑和分析等功能，可以设计出有高效扩展能力的理想引物，也可以设计出可供用户扩增长达 50 kb 以上的 PCR 产物的引物序列，可分为 GeneTank（序列编辑）、Primer（引物设计）、Aling（序列比较）、Enzyme（酶切分析）和 Mitif（基序分析）等五大功能模块。

该软件还有一些特殊功能，其中最重要的是设计简并引物，另外还有序列“朗读”、DNA 与蛋白序列的互换、语音提示键盘输入等。有时需要根据一段氨基酸序列反推到 DNA 来设计引物，由于大多数氨基酸（20 种常见结构氨基酸中的 18 种）的遗传密码不只 1 种，因此，由氨基酸序列反推 DNA 序列时，会遇到部分碱基的不确定性。这样设计并合成的引物实际上是多个序列的混合物，它们的序列组成大部分相同，但在某些位点有所变化，称为简并引物。遗传密码规则因物种或细胞亚结构的不同而异，比如在线粒体内的遗传密码与细胞核是不一样的。“Premier” 可以针对模板 DNA 的来源以相应的遗传密码规则转换 DNA 和氨基酸序列。软件共给出 8 种生物亚结构的不同遗传密码规则供用户选择，有纤毛虫大核（Ciliate Macronuclear）、无脊椎动物线粒体（Invertebrate Mitochondrion）、支原体（*Mycoplasma*）、植物线粒体（Plant Mitochondrion）、原生动物线粒体（Protozoan Mitochondrion）、一般标准（Standard）、脊椎动物线粒体（Vertebrate Mitochondrion）和酵母线粒体（Yeast Mitochondrion）。

Clonemanager 软件是研究人员日常使用的一个小巧的辅助克隆工具，主要功能是限制酶切割、分子重组、质粒作图等。

【实验目的】

1. 掌握核酸序列编辑软件 Bioedit 工具。
2. 掌握引物设计的基本要求，并熟悉使用 Primer 5.0 软件进行引物搜索。
3. 掌握 Cone 软件的使用，学会构建质粒图谱。

【实验内容】

BioEdit 软件：进行序列编辑、外挂分析程序、RNA 分析、寻找特征序列、支持超过 20 000 个序列的多序列文件、基本序列处理功能、质粒图绘制等。

Primer 软件：一款专业的引物设计软件，利用它的高级引物索引、引物数据库、巢式引物设计、引物编辑和分析等功能，可以设计出有高效扩展能力的理想引物，也可以设计出可供用户扩增长达 50 kb 以上的 PCR 产物的引物序列。

Clonemanager 软件是一个小巧的研究人员日常使用的辅助克隆工具，主要功能是限制酶切割、分子重组、质粒作图等。

【实验仪器、设备及材料】

装有 Windows XP、Windows 2000 或 Windows 7 及以上操作系统的计算机。

【实验原理】

针对核酸序列的分析就是在核酸序列中寻找基因，找出基因的位置和功能位点的位置，以及标记已知的序列模式等过程。在此过程中，确认一段 DNA 序列是一个基因需要有多个证据的支持。一般而言，在重复片段频繁出现的区域中，基因编码区和调控区不太可能出现；如果某段 DNA 片段的假想产物与某个已知的蛋白质或其他基因的产物具有较高序列相似性，那么这个 DNA 片段就非常可能属于外显子片段；在一段 DNA 序列上出现统计上的规律性，即所谓的“密码子偏好性”，也是说明这段 DNA 是蛋白质编码区的有力证据；其他的证据包括与“模板”序列的模式相匹配、简单序列模式（如 TATA Box 等）相匹配等。一般而言，确定基因的位置和结构需要多个方法综合运用，而且需要遵循一定的规则：对于真核生物序列，在进行预测之前先要进行重复序列分析，把重复序列标记出来并除去；选用预测程序时要注意程序的物种特异性；要弄清楚程序适用的是基因组序列还是 cDNA 序列；很多程序对序列长度也有要求，有的程序只适用于长序列，而对 EST 这类残缺的序列则不适用。

【实验步骤】

（一）利用 Bioedit 软件对核酸序列进行分析

下载安装 Bioedit 软件，对核酸序列进行如下分析，具体步骤如下。

1. 确定 DNA 序列的分子量和碱基组成

（1）打开 Bioedit 软件，点击“file”，选择“open”选项，打开一个核酸序列文件“＊.txt”或“＊.fasta”文件均可，选择文件。

（2）选择“sequence”选项，选择“Nucleic Acid”选项，选择“Nucleotide Composition”选项即可以得到核酸序列的分子量和碱基组成。

（3）分析结果（图 11-1 所示）：所分析的序列长度为 2 304 bp，单链分子量为 707 520 Da，双链分子量为 1 400 340 Da；（A+T）%＝50.69%，（G+C）%＝49.18%；A 碱基个数为 638 个，占 27.69%，C 碱基个数为 716 个，占 31.08%，G 碱基个数为 417 个，占 18.10%，T 碱基个数为 530 个，占 23%。

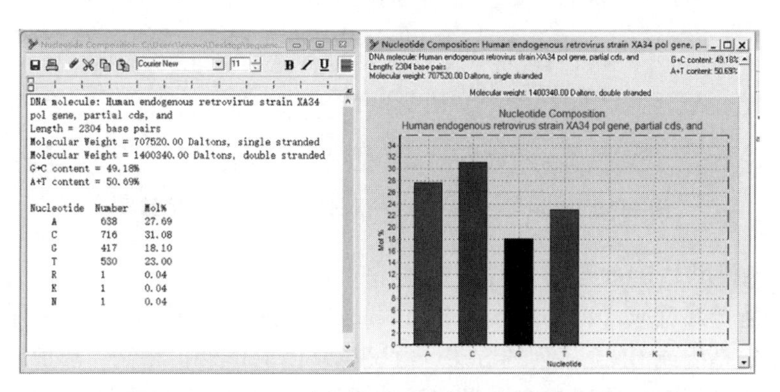

图 11-1　Bioedit 分析核酸序列的分子量和碱基组成

2. 序列变换

（1）打开 Bioedit 软件，点击“file”，选择“open”选项，打开一个核酸序列文件“＊.txt”或“＊.fasta”文件均可，选择文件。

（2）选择“sequence”选项，选择“Nucleic Acid”选项，选择“Complement”选项即可以将分析的核酸序列转变成互补序列；选择“Complement”选项即可以将分析的核酸序列转变成互补序列；选择“Reverse Complement”选项即可以将分析的核酸序列转变成反向互补序列；选择“DNA→RNA”选项即可以将分析的脱氧核糖核酸序列转变成核糖核酸序列；选择“RNA→DNA”选项即可以将分析的核糖核酸序列转变成脱氧核糖核酸序列。

3. DNA-蛋白质序列之间变换

（1）打开 Bioedit 软件，点击“file”，选择“open”选项，打开一个核酸序列文件“ *. txt”或“ *. fasta”文件均可，选择文件。

（2）选择“sequence”选项，选择“Nucleic Acid”选项，选择“Translate”选项，选择 Frame1（从第一个碱基开始翻译），Frame2（从第二个碱基开始翻译）或 Frame3（从第三个碱基开始翻译）即可以将分析的核酸序列翻译成氨基酸序列（图 11-2）。

```
Frame 1
1     CCG CGC CAG CGC CTG GTA GCG GAT CCT CTC CAG CTG GGC CCA CAG    45
1     Pro Arg Gln Arg Leu Val Ala Asp Pro Leu Gln Leu Gly Pro Gln    15

46    CGC CGC GAC CTC CTC GGC GGC GGC CTC ATC CGC CCC CGG CGG CAC    90
16    Arg Arg Asp Leu Leu Gly Gly Gly Leu Ile Arg Pro Arg Arg His    30

91    TTC GGT GTT CAA CGC CTG GTC GAT GAT CGC GCG CGC ACC GGC CAG    135
31    Phe Gly Val Gln Arg Leu Val Asp Asp Arg Ala Arg Thr Gly Gln    45
Frame 2
2     CGC GCC AGC GCC TGG TAG CGG ATC CTC TCC AGC TGG GCC CAC AGC    46
1     Arg Ala Ser Ala Trp End Arg Ile Leu Ser Ser Trp Ala His Ser    15

47    GCC GCG ACC TCC TCG GCG GCG GCC TCA TCC GCC CCC GGC GGC ACT    91
16    Ala Ala Thr Ser Ser Ala Ala Ala Ser Ser Ala Pro Gly Gly Thr    30

92    TCG GTG TTC AAC GCC TGG TCG ATG ATC GCG CGC GCA CCG GCC AGC    136
31    Ser Val Phe Asn Ala Trp Ser Met Ile Ala Arg Ala Pro Ala Ser    45
Frame 3
3     GCG CCA GCG CCT GGT AGC GGA TCC TCT CCA GCT GGG CCC ACA GCG    47
1     Ala Pro Ala Pro Gly Ser Gly Ser Ser Pro Ala Gly Pro Thr Ala    15

48    CCG CGA CCT CCT CGG CGG CGG CCT CAT CCG CCC CCG GCG GCA CTT    92
16    Pro Arg Pro Pro Arg Arg Arg Pro His Pro Pro Pro Ala Ala Leu    30

93    CGG TGT TCA ACG CCT GGT CGA TGA TCG CGC GCG CAC CGG CCA GCG    137
31    Arg Cys Ser Thr Pro Gly Arg End Ser Arg Ala His Arg Pro Ala    45
```

图 11-2 Bioedit 分析 DNA-蛋白质序列之间变换结果

（二）利用 Primer 软件设计引物

聚合酶链式反应（Polymerase chain reaction）即 PCR 技术，是一种在体外快速扩增特定基因或 DNA 序列的方法，故又称基因的体外扩增法。PCR 技术已成为分子生物学研究中使用最多、最广泛的手段之一，而引物设计是 PCR 技术中至关重要的一环，使用不合适的 PCR 引物容易导致实验失败，表现为扩增出目的带之外的多条带（如形成引物二聚体带），不出带或出带很弱等。现在 PCR 引物设计大都通过计算机软件进行，可以直接提交模板序列到特定网页，得到设计好的引物，也可以在本地计算机上运行引物设计专业软件。引物设计原则如下。①引物应在序列的保守区域设计并具有特异性。引物序列应位于基因组 DNA 的高度保守区且与非扩增区无同源序列。这样可以减少引物与基因组的非特异结合，提高反应的特异性。②引物的长度一般为 15～30 bp。常用的是 18～27 bp，但不应大于 38，因为过长会导致其延伸温度大于 74℃，不适于 Taq DNA 聚合酶进行反应。③引物不应形成二级结构。引物二聚体及发夹结构的能值过高（超过 4. 5 kcal/mol）易导致产生引物二聚体带，并且降低引物有效浓度而使 PCR 反应不能正常进行。④引物序列的 GC 含量一般为 40%～60%。过高或过低都不利于引发反应。上下游引物的 GC 含量不能相差太大。⑤引物所对应模板位置序列的 Tm 值在 72℃左右可使复性条件最佳。Tm 值的计算有多种方法，如按公式 Tm=4（G+C）+2（A+T）。⑥引物 5′端序列对 PCR 影响不太大，因此常用来引进修饰位点或标记物。可根据下一步实验中要插入 PCR 产物的载体的相应序列而确定。⑦引物 3′端不可修饰。引物 3′端的末位碱基对 Taq 酶的 DNA 合成效率有较大的影响。不同的末位碱基在错配位置导致不同的扩增效率，末位碱基为 A 的错配效率明显高于其他 3 个碱基，因此应当避免在引物的 3′端使用碱基 A。⑧引物序列自身或者引物之间不能再出现 3 个以上的连续碱基，如 GGG 或 CCC，也会使错误引发概率增加。⑨ G 值是指 DNA 双链形成所需的自由能，该值反映了双链结构内部碱基对的相对稳定性。应当选用 3′端 G 值较低（绝对值不超过 9），而 5′端和中间 G 值相对较高的引物。引物的 3′端的 G 值过高，容易在错配位点形成双链结构并引发 DNA 聚合反应；值得一提的是，各种模板的引物设计难度不一。有的模板本身条件比较困难，例如 GC 含量偏高或偏低，导致找不到各种指标都十分合适的引物；在用作克隆目的的 PCR，因为产物序列相对固定，引物设计的选择自由度较低，在这种情况只能退而求其次，尽量满足现有的条件。

1. 利用 Blast-primer 设计引物

（1）在搜索引擎中输入“NCBI”，选择“Blast”选项，选择“Primer-BLAST”选项，进入“Primer-BLAST”工作界面（图 11-3）。

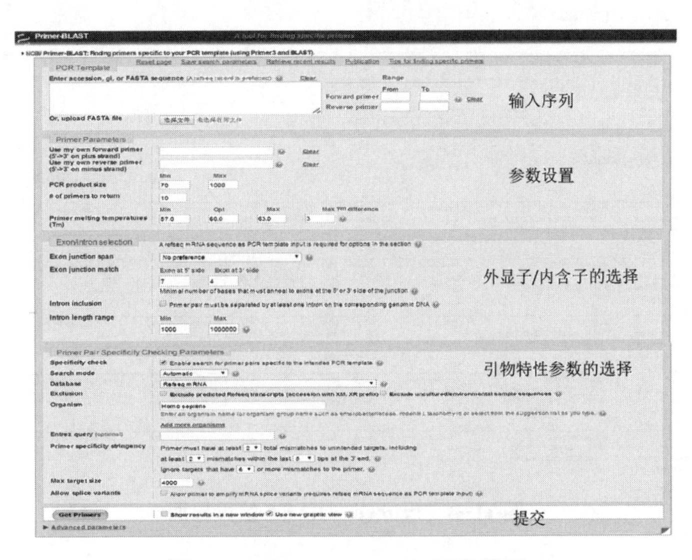

图 11-3　Primer-BLAST 工作界面

（2）输入序列。

（3）设置参数：正义链引物“Use my own forward primer”；反义链引物

“Use my own reverse primer”；PCR 产物的大小“PCR product size”；设计引物的数量“primers to return”；引物退火温度“Primer melting temperatures（Tm）”。

（4）外显子/内含子的选择：外显子与外显子的结合“Exon junction span”；外显子结合匹配“Exon junction span”；内含子重叠“Intron inclusion”；内含子长度范围“Intron length range”。

（5）引物特异性选择参数的设置：特异性选择“Specificity check”；搜索模型“Search mode”；数据库“Database”；排除的模板“Exclusion”；组织特异性“Organism”；引物严格特异性“Primer specificity stringency”；最大目标 PCR 产物“Max target size”；可允许的剪接变异体“Allow splice variants”。

（6）设计引物“Get Primers”（图 11-4）；所分析序列长度为 597 bp，图形化的结果描述的是引物在序列上的位置，引物报告的内容包括引物序列“Forward primer”和“Reverse primer”；引物序列“Sequence（5′->3′）”；模板链“Template strand”；引物序列长度“Length”；引物起始位置“Start”；引物终止位置“Stop”；引物退火温度“Tm”；引物 GC 含量“GC%”；引物自身互补性“Self complementarity”；引物 3′自身互补性“Self 3′ complementarity”；PCR 产物的长度“Product length”。

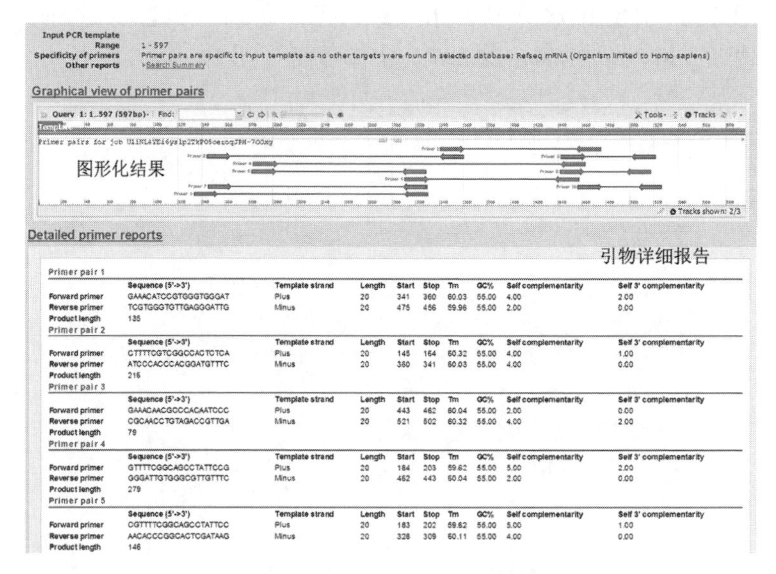

图 11-4　Primer-BLAST 结果界面

2. 利用 Primer 5.0 设计引物

（1）打开 Primer 5.0 软件，调入基因序列：点击“file”选项，选择“open”选项，选择“DNA sequence”选项；或者直接点击“file”选项，选择“new”选项，选择“DNA sequence”，弹出一对话框（图 11-5 A），然后将序列复制在空白框，序列文件显示（图 11-5 B），点击“Primer”。

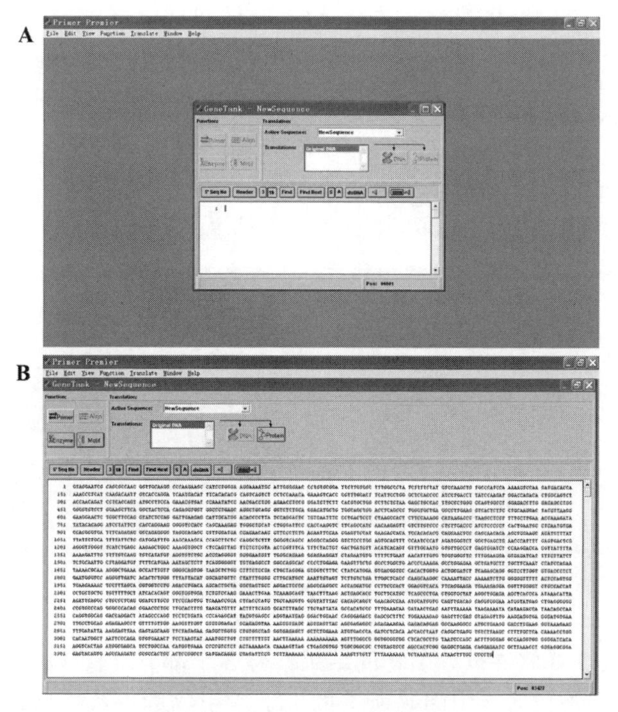

图 11-5　Prime 5.0 工作界面

（2）进一步点击“search”按钮，出现“search criteria”窗口，有多种参数可以调整。搜索目的（Seach For）有 3 种选项，PCR 引物（PCR Primers）、测序引物（Sequencing Primers）、杂交探针（Hybridization Probes）。搜索类型（Search Type）可选择分别或同时查找上、下游引物（Sense/Anti-sense Primer，或 Both），或成对查找（Pairs），或分别以适合上、下游引物为主（Compatible with Sense/Anti-sense Primer）。另外还可改变选择区域（Search Ranges）、引物长度（Primer Length）、选择方式（Search Mode）、参数选择（Search Parameters）等（图 11-6 A）。使用者可根据自己的需要设定各项参数。我们将 Product Size 设置 300~350，其他参数使用默认值。然后点击“OK”，随之出现的 Search Progress 窗口中显示 Search Completed 时，再点击“OK”。这时搜索结果以表格的形式出现，有 3 种显示方式，上游引物（Sense）、下游引物（Anti-sense）、成对显示（Pairs）（图 11-6 B）。默认显示为成对方式，并按优劣次序（Rating）排列，满分为 100，即各指标基本都能达标（图 11-6 C）。按照搜寻结果显示，在主窗口中检查该引物对的二级结构情况，逐条分析，依次筛选。下面进行序列筛选：点击其中一对引物，如第 21#引物，在“Peimer Premier”主窗口（图 11-6 D）。

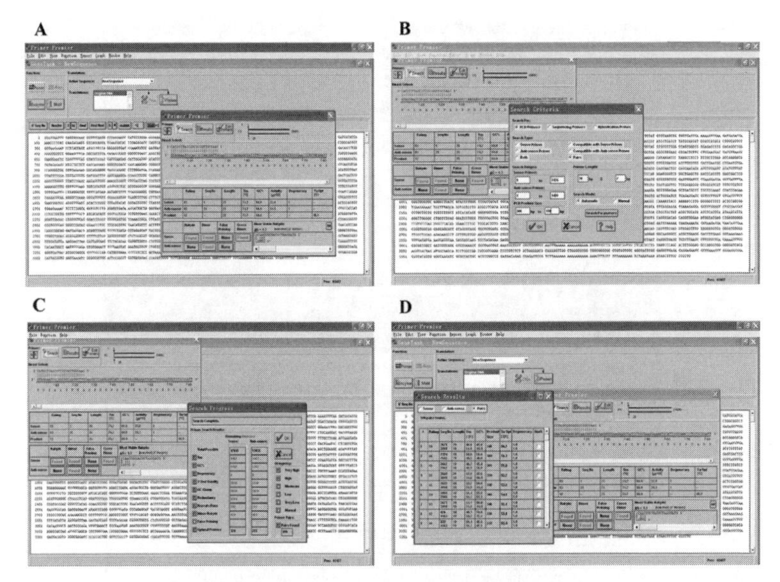

图 11-6　Prime 5.0 设计引物的过程

（3）Primer 5.0 软件设计引物的结果共分 3 个部分（图 11-7），最上面是图示 PCR 模板及产物位置，中间是所选的上下游引物的一些性质，最下面是 4 种重要指标的分析，包括发夹结构（Hairpin）、二聚体（Dimer）、错误引发情况（False Priming）以及上下游引物之间二聚体形成情况（Cross Dimer）。当所分析的引物有这 4 种结构的形成可能时，按钮由“None”变成“Found”，点击该按钮，在左下角的窗口中就会出现该结构的形成情况。一对理想的引物应当不存在任何一种上述结构，因此最好的情况是最下面的分析栏没有“Found”，只有“None”。值得注意的是，中间一栏的末尾给出该引物的最佳退火温度，可参考应用。

（三）利用 Clonmanger 8.0 软件分析核酸序列

1. 利用 Clonmanger 8.0 软件分析核酸序列的酶切位点

（1）打开 Clonmanger 8.0 软件，调入基因序列：点击“file”选项，选择“open”选项，选择分子类型“Circular molecule”或者“Linear molecule”选项；选择后点击“OK”，弹出一对话框（图 11-8）。

（2）点击工具栏上的“放大镜”图标，显示酶切位点对话框“Enzymes”（图 11-9 A），在酶切位点输入框内输入要查询的酶切位点，如“XhoI”，点击“OK”，进入查询界面，显示酶切位点“XhoI”位点位于 6 684 位（图 11-9 B）。

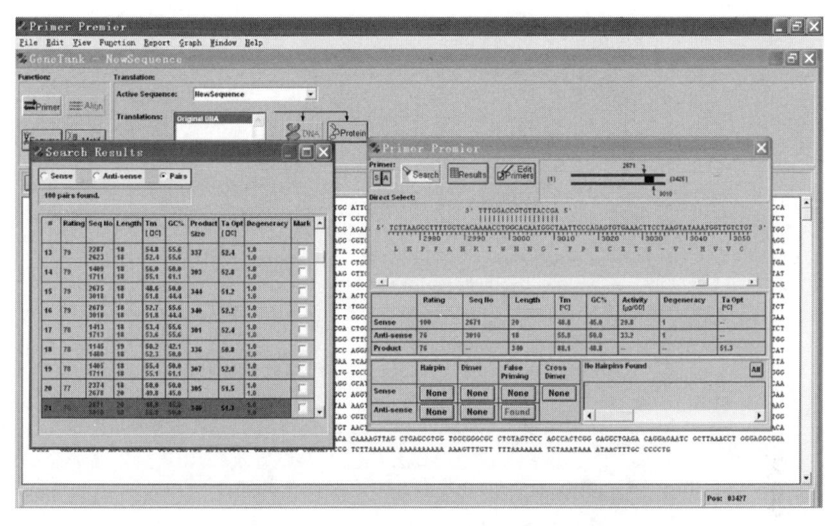

图 11-7　**Prime 5.0** 设计引物的结果

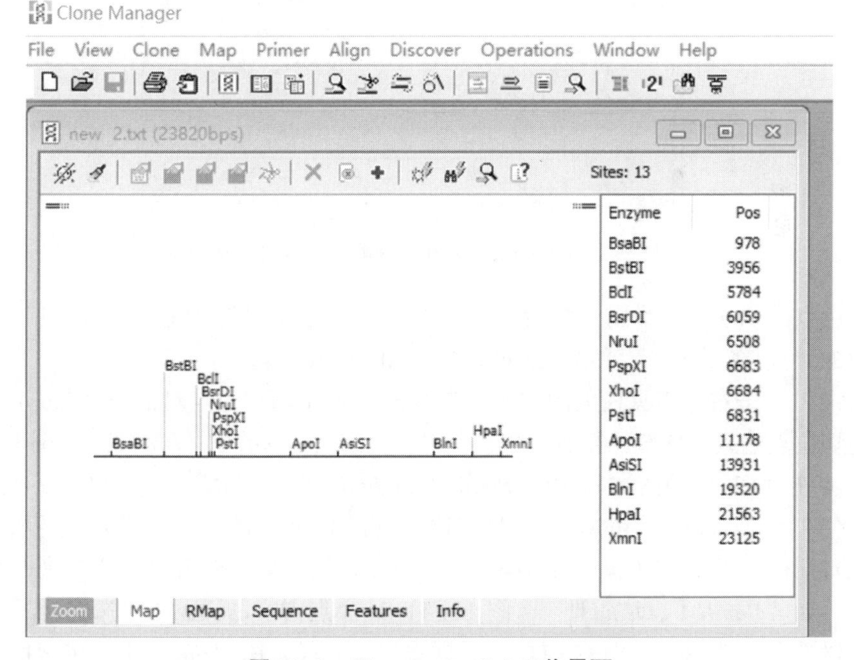

图 11-8　**Clonmanger 8.0** 工作界面

2. 利用 Clonmanger 8.0 软件构建质粒

(1) 打开 Clonmanger 8.0 软件，调入载体序列，如“pUC19”载体序列：点击“file”选项，选择“open”选项，选择分子类型“Circular molecule”选项；

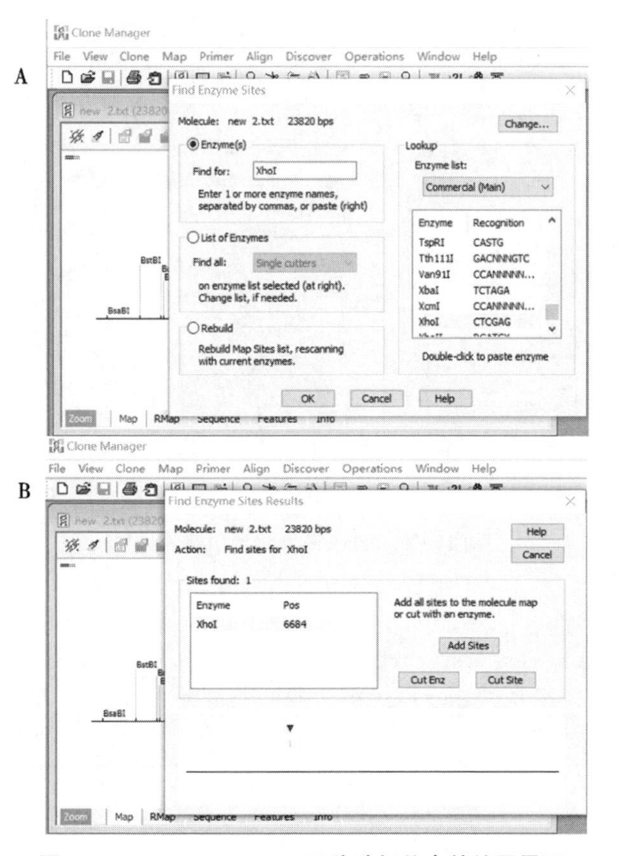

图 11-9　Clonmanger 8.0 寻找酶切位点的结果界面

选择后点击“OK”，弹出一对话框（图 11-10 A），点击工具栏上“剪刀”图标旁边的“连接”图标，弹出连接对话框（图 11-10 B）。

（2）点击右边工具栏上的“剪刀”图标，显示酶切位点对话框“Enzymes”，在酶切位点输入框内输入要查询的酶切位点，如“*BamH* Ⅰ，*Hind* Ⅲ”（图 11-10 C），点击“OK”，将载体采用“*BamH* Ⅰ，*Hind* Ⅲ”进行酶切（图 11-10 D）。

（3）点击“Insert Molecule”栏右边工具栏上的“双螺旋”图标，显示插入片段对话框（图 11-11 A）“Enzymes”，在酶切位点输入框内输入要查询的酶切位点，如“*BamH* Ⅰ，*Hind* Ⅲ”（图 11-11 B），点击“use now”，选择合适的酶切片段，点击“OK”（图 11-11 C），即将插入片段采用“*BamH* Ⅰ，*Hind* Ⅲ”进行酶切（图 11-10 D）。

（4）点击“Ligate”选项，输入构建质粒的名称，点击“OK”即构建好质粒（图 11-12 A），将构建的质粒进行修饰，选择“features”选项（图 11-12 B），点击工具栏上的“+”图标，显示基因名称命名对话框（图 11-12 C），输

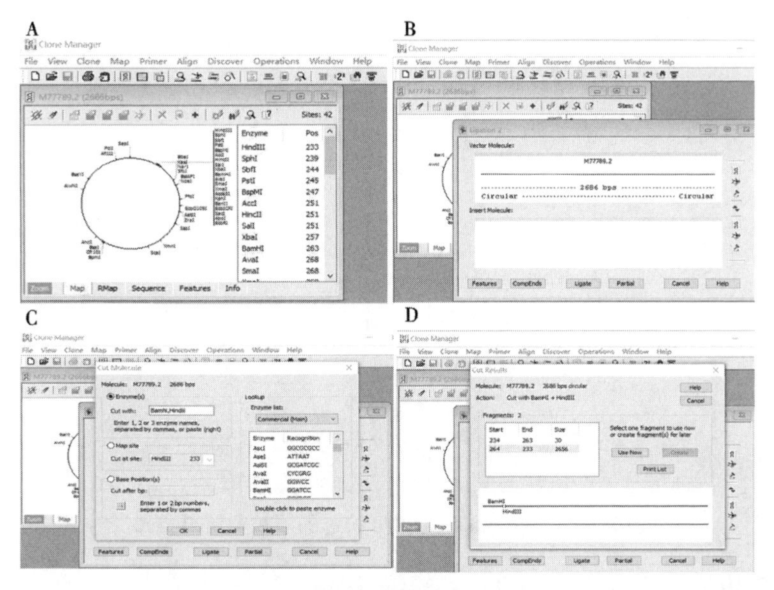

图 11-10　Clonmanger 8.0 制备载体工作界面

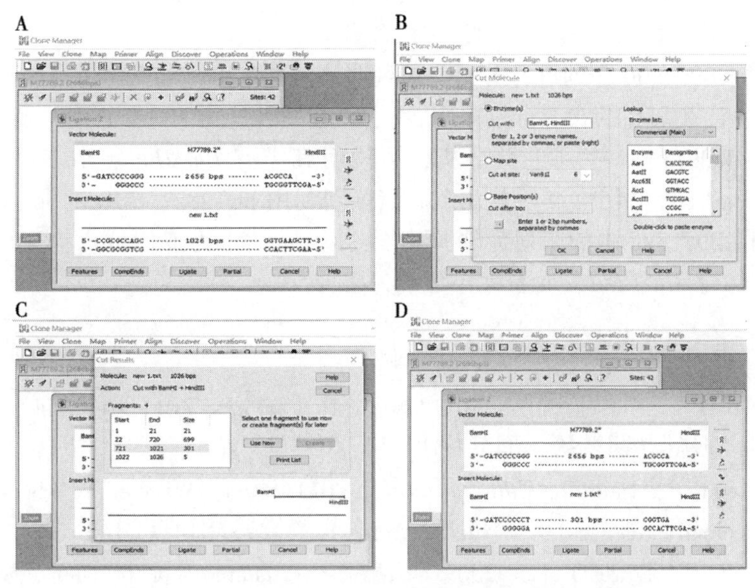

图 11-11　Clonmanger 8.0 制备外源片段工作界面

入插入基因的名称和起始、终止位点，点击“OK”即形成质粒图（图 11-12 D）。

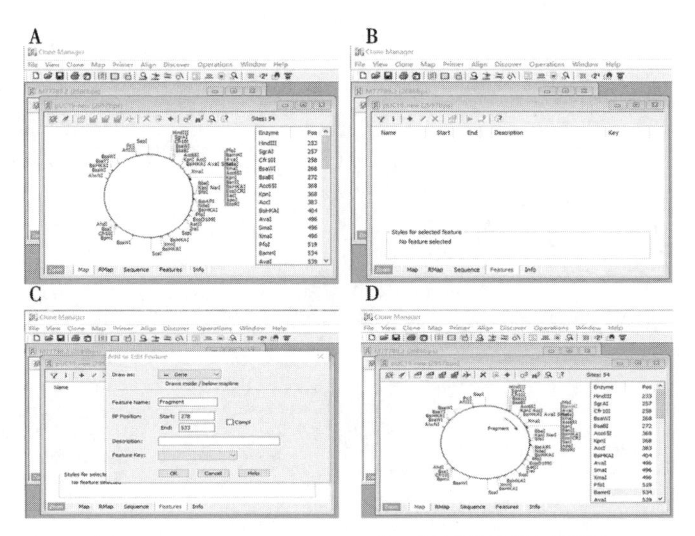

图 11-12　Clonmanger 8.0 构建的质粒图结果界面

【作业】

1. 对 GL883728 序列进行分析，设计 PCR 产物长度为 5 000 bp 的引物。请分别写出每条引物的序列、Tm 值、GC 含量。

2. 对 KB904406 序列进行分析，请说明该序列中单链和双链的分子量分别是多少；A、T、G、C 的含量分别是多少；(A+T)%和（G+C)%分别是多少？

3. 对 KB911325 序列进行分析，请说明其中有 *BamH* Ⅰ、*Hind* Ⅲ、*Pst* Ⅰ、*Xho* Ⅰ、*EcoR* Ⅰ等酶切位点各有几个。请分别利用 pET28a、pGEX-6p-1 作为载体，利用 KB911325 中的序列为外源片段，以 *BamH* Ⅰ为连接位点构建质粒，请问共能够构建几个质粒，质粒大小分别为多少？

【参考文献】

Benson D A，Karsch-MizrachiI，Lipman D J，*et al.*，2011. GenBank［J］. Nucleic Acids Res，38，D46-D51.

Cardner P P，Daub J，Tate J，*et al.*，2011. Rfam：Wikipedia，clans and the “decimal” release［J］. Nucleic Acids Res，39，D141-D145.

Chan P P，Lowe T M，2009. GtRNAd：a database of transfer RNA genes detected in genomic sequence［J］. Nucleic Acids Res，37，D93-D97.

Gelfand Y，Rodriguez A，Benson G，2007. TRDB - the Tandem Repeats Database［J］. Nucleic Acids Res，35，D80-D87.

Grillo G，Turi A，Licciulli F，*et al.*，2011. UTRdb and UTRsite（RELEASE 2010）：a collection of sequences and regulatory motifs of the untranslated regions of eukaryotic mRNAs [J]. Nucleic Acids Res, 38, D75-D80.

Kaminuma E, Kosuge T, Kodama Y, *et al.*, 2011. DDBJ progress report [J]. Nucleic Acids Res, 39, D22-D27.

Karro J E, Yan Y, Zheng D, *et al.*, 2007. Pseudogene. org: a comprehensive database and comparison platform for pseudogene annotation [J]. Nucleic Acids Res, 35, D55-D60.

Kozomara A, Griffiths - Jones S, 2011. miRBase: integrating microRNA annotation and deep - sequencing data [J]. NucleicAcids Res, 39, D152-D157.

Leinonen R, Akhtar R, Birney E, *et al.*, 2011. The European Nucleotide Archive [J]. Nucleic Acids Res, 39, D28-D31.

Mewes H W, Ruepp A, Theis F, *et al.*, 2011. MIPS; curated databases and comprehensive secondary data resources in 2010 [J]. Nucleic Acids Res, 39, D220-D224.

Petersen' TN, Brunak S, von Heijne G, *et al.*, 2011. SignalP 4. 0: discriminating signal peptides from transmembrane regions [J]. Nat Methods, 8, 785-786.

Pruitt K D, Tatusova T, Klimke W, *et al.*, 2009. NCBI Reference Sequences; current status, policy and new initiatives [J]. Nucleic Acids Res, 37, D32-D36.

Sayers E W, Barrett T, Benson D A, *et al.*, 2011. Database Resources of the National Center for Biotechnology Information [J]. Nucleic Acids Res, 39, D38-D51.

Szymanski M, Erdmann V A, Barciszewski J, 2007. Noncoding RNAs database (ncRNAdb) [J]. Nucleic Acids Res, 35, D162-D164.

Ursing B M, van Enckevort F H, Leunissen J A, *et al.*, 2002. EXProt: a database for proteins with an experimentally verified function [J]. Nucleic Acids Res, 30, 50-51.

Wu C H, Apweiler R, Bairoch A, *et al.*, 2006. The Universal Protein Resource (UniProt): an expanding universe of protein information [J]. Nucleic Acids Res, 34, D187-D191.

Wu C H, Nikolskaya A, Huang H, *et al.*, 2004. PIRSF: family classification system at the Protein Information Resource [J]. Nucleic Acids Res, 32, D112-D114.